U0014177

除寒溫食補

オリーブオイル“冷えとり”レシピ

活用36種溫食材,
解救寒冷體質、低體溫、貧血,
遠離癌症。

青木敦子——著
蔡麗蓉——譯

前言

我一直有手腳冰冷、低體溫、盆血等困擾，在這些問題改善之前，我的眼睛下方總是帶著黑眼圈，肌膚既粗糙又乾燥。每年入冬總會覺得臉上浮了一層粉，一上妝就刺痛，讓我吃足苦頭。我還會極度疲勞及肩頸痠痛，每個月得去讓人按摩三至四次。此外我的貧血症狀也很嚴重，每天少不了補充鐵質的營養食品或是喝補鐵飲品。指甲也常在修剪前就斷裂了，整個人很不健康。

由於這些不適症狀，讓我開始徹底檢討自己的飲食生活，著手從陰陽學、酸鹼性質、營養功效等各個層面研究食材。結果我發現，某些食材會使身體冷卻，某些食材卻能溫熱身體，我這才明白，藉由每日的三餐菜色使身體暖和起來，才是最重要的一件事。尤其是橄欖油，有別於一般人觀念中容易造成肥胖的油脂類，積極攝取確實能使身體溫熱起來。

於是我開始設計獨創的菜單，以橄欖油為主，再積極添加生薑及辛香料等「溫熱食材（㊣食材）」，這才終於改善了我的不適症狀。後來每天都發現我一點一滴地產生變化，兩個月至三個月後，更見到了戲劇性的轉變。

現在我不僅不再感覺乾燥，眼睛下方的黑眼圈，以及指甲色澤也全都改善了。我不但不再需要吃補鐵的營養食品，長年困擾我的肩膀痠痛也消失了。而且肩頸周邊血液淤滯所造成的疲勞物質完全消散無踪，還因為這一點，讓我巧遇友人時使對方眼睛為之一亮，頻問我「是不是瘦了」，讓人開心地話匣子大開。

本書要介紹給大家的食譜，就是藉由這種方式將橄欖油融入食譜當中，我的體質也是透過這些料理而有了改善。請大家一定要好好活用，然後再與我分享讓您感到開心的成果。

改變生活方式解決我的手腳冰冷、低體溫、貧血問題

改善手腳冰冷的唯一捷徑，就是檢視自己週間的生活習慣。除去會造成手腳冰冷的原因，並持續進行溫熱身體的好習慣達三個月後，即可使體溫上升一度。現在就來介紹關鍵的改善手法。

▲：禁止做的事情　●：開始做的事情

改變生活習慣

避免身體過冷，設法溫熱身體

▲ 夏天也盡量不開冷氣。

● 設法溫熱身體，例如在冷氣房內披上衣物。

● 夏天吹電扇或讓自然風吹入室內。

● 在浴缸中加入能溫熱身體的鹽或碳酸成分的入浴劑。

● 冬天善用暖暖包，隨時保持身體暖和。（也可將暖暖包放入鞋中，或是將暖暖包貼在後背、腹部、腰部、雙腳。）

改變喝東西的習慣

控制水分，改成飲用溫熱飲品

▲ 下班後喝的啤酒減少為一至兩杯。

▲ 一天不再喝一至一・五公升的汽泡水。

▲ 一天數次的熱茶減少至一至兩杯。

▲ 盡量不喝冰飲。

● 早上起床後飲用含橄欖油的薑湯。

改變吃東西的習慣

減少冷食，攝取溫熱身體的食物

▲ 盡量不吃冷食。

● 每天的料理都用橄欖油入菜。

● 食用溫食材（P18~25）。

CONTENTS

本書內容相關說明

- 材料標示如下，1杯為200ml（200cc），1大匙為15ml（15cc），1小匙為5ml（5cc）。
- 食譜內有標示參考分量及時間，但請視狀況作調整。

chapter

2 改善血液循環！

chapter

3 促進腎臟機能！

橄欖油改善手腳冰冷的效果

手腳冰冷與腸道健康息息相關
～維持清淨腸道～

腸道被譽為第二大腦，算是非常重要的器官，全身百分之六十的免疫機能皆集中於此。而且腸道對於新陳代謝的機能來說，也具有密切關聯，因為百分之六十的代謝都在腸道進行。

腸道是如此重要的器官，當腸道不乾淨，即便你大費周章攝取能溫熱身體的食材，一片苦心也終將化為泡影。一旦腸道中有老廢物質囤積，便無法吸收必需的營養，更無法製造出優質的血液。

唯有常保清淨的腸道，才能製造出清澈的血液，對於手腳冰冷、低體溫、貧血等問題的改善也是非常重要的一環。

橄欖油主成分「油酸」的效力

油脂類為身體不可或缺的能量來源之一，但是攝取過多恐怕將帶來生活習慣病等不良影響。在形形色色的油脂當中，建議大家在日常生活裡應多加攝取橄欖油。

油脂主要成分的脂肪酸當中，分成常溫下為固體的飽和脂肪酸，以及常溫下呈液體的不飽和脂肪酸。不飽和脂肪酸中，包含Omega-3脂肪酸、Omega-6脂肪酸、Omega-9脂肪酸。而內含於橄欖油中，希望大家積極攝取的脂肪酸，則是加熱後也不易氧化的Omega-9脂肪酸。

在橄欖油裡頭，Omega-9脂肪酸的油酸約佔整體脂肪酸的百分之七十五，屬於主要的成分。油酸具有加熱後也不易氧化的特性，此外還能減少壞的膽固醇，使好的膽固醇維持正常運作，並可預防便秘、清澈血液等等，好處不勝枚舉。

如何挑選橄欖油

所謂的特級冷壓橄欖油，意指第一次單純壓榨橄欖果實所製成的橄欖油。完全不經化學

＊不飽和脂肪酸的種類

	主要脂肪酸	主要食材種類	主要特徵
Omega-3 脂肪酸	α-亞麻酸、DHA、EPA	紫蘇油、亞麻仁油、青背魚	加熱後易氧化，可降低罹患心臟疾病的風險
Omega-6 脂肪酸	亞油酸、γ-亞麻酸	玉米胚芽油、葵花籽油、芝麻油	加熱後易氧化
Omega-9 脂肪酸	油酸	橄欖油、菜籽油	加熱後也不易氧化 可增加好的膽固醇

處理，為天然的橄欖榨汁，且酸價規定在百分之〇．八以下。

國際橄欖油協會建議，橄欖油的賞味期限在裝瓶後一年至一年半，但是開封後請大家盡可能在兩個月內使用完畢。

日本會在精製後的橄欖油中，加入初榨橄欖油，以純橄欖油之名於市面上銷售。但若是想要有效改善手腳冰冷的問題，還是建議大家使用「特級冷壓橄欖油」。

橄欖油依果實種類、不同產地，區分成苦味辣味強烈的重口味，與苦味辣味適中的中等口味，還有苦味辣味稍弱的輕口味。

請大家務必多方嘗試，以找出個人偏好的橄欖油。

※書中料理皆使用了特級冷壓橄欖油。

橄欖油的保存方式

- 避免陽光直射。
- 避免高溫場所。
- 存放於陰暗處，不可保存於冷藏庫內。

橄欖油通常不喜紫外線，幸好近來不易受紫外線影響的玻璃瓶愈來愈常見了。倘若橄欖油未裝入遮光瓶中，請於包裝瓶外包上鋁箔紙阻隔紫外線。

還有橄欖油的存放場所若超過三十度，將導致油品劣化。

而冬天放在低於五度的環境中，瓶內則會出現白色結晶。這些結晶都是橄欖油的成分，只要溫度升高就會恢復原狀。但是反覆結晶的過程中，將使香氣流失，因此夏天也不能冰在冷藏庫內，請置於陰暗處保存。

橄欖油不可不知的效力

橄欖油除了內含油酸之外，還含有大量可溫熱身體的成分。接下來為大家介紹主要成分與作用。

促進血液循環

- 內含多酚之一的Oleuropein，能使血管擴張，藉此促進血液循環。
- 可作用於自律神經，活化微細血管的擴張，緩解因血液循環不良所導致的肩膀痠痛及手腳冰冷等症狀。

抗氧化作用

- 含有豐富的多酚，可抑制會在體內產生毒性的活性氧。
- 橄欖油的抗氧化作用非常強，大量的維生素E誘導體α-Tocopherol可防止老化。

溫熱身體

- 藉由Oleuropein的作用，提高腎上腺素的分泌，藉此刺激交感神經，促進脂肪燃燒。並可強化體內產生熱能，還能使血壓保持正常。
- 橄欖油的油膜具有容易展開的特性，因此與溫食材一同攝取之後，能在胃中發揮保護罩的功能，所以可長時間維持溫度，同時也能使腸胃保持溫暖，改善內臟機能不佳的情形。

預防貧血

- 含有葉綠素，與血紅素一樣能將氧氣送達細胞，可預防貧血。

預防便秘

- 小腸不易吸收油酸，因此藉由油酸的作用之下，可刺激腸道，活化腸道蠕動，使排便順暢，所以能預防便秘。

橄欖油的效果
不只有溫熱身體
而已！

打造健康腸道使人愈變愈美

油酸不會使導致便秘的壞菌增加，據説還能維持好菌正常運作，而且能促進腸蠕動也是它的特色之一，因此有助於消除便秘。

此外橄欖油在腸道中還能發揮潤滑油的角色，對於改善糞便滑動的加乘效果也十分可期。再加上研究指出，橄欖油內含的葉綠素甚至具有解毒效果，因此有助於打造健康腸道，使人愈變愈美。

改善肌膚問題

眾所皆知，橄欖油具有抑制肌膚老化的美容功效，原因在於橄欖油中綜合了許多類似皮脂的保濕成分。例如內含橄欖油中的維生素E，可防止紫外線傷害上皮組織，還能看出抑制皺紋的效果。此外還含有Hydroxytyrosol，有助於抑制造成肌膚斑點的黑色素生成，更含有β-胡蘿蔔素，具有保持肌膚強健的作用。

培養健康體質

橄欖油內含β-胡蘿蔔素、葉綠素、多酚、維生素D、維生素E、維生素K等，超過三百種的微量成分。可降低壞膽固醇的數值，使好的膽固醇數值維持正常，有助於將身體導向健康狀態。橄欖油在地中海沿岸等地，被視為「常生不老之藥」，從很早以前便一直被人使用。

適合減肥的油脂

橄欖油內含的多酚當中，據說具有刺激交感神經、可促進脂肪燃燒的效果。此外傳聞油酸還能活化脂肪的代謝機能，使中性脂肪不易囤積。而且如能在餐前空腹的狀態下攝取橄欖油，即可刺激滿腹中樞神經，降低食欲，因此減肥效果十分可期。

預防感冒

屬於橄欖油的辣味成分，名為Oleocanthal的多酚，除了具有抗氧化作用，還能看出抗發炎的功效，據悉與感冒藥等藥物中的內含成分布洛芬，具有相同的作用。因此可以靠橄欖油小心預防感冒或流感，讓自己一年到頭都能健康度過。

此外聽說橄欖油還具有緩解生理痛的效果，因此橄欖油實在是女性的好朋友。

搭配溫食材，輕鬆調製風味油

搭配能溫熱身體的溫食材，親手調製風味油吧！
能讓料理的美味度更上一層樓喔！

辣油

材料 橄欖油…150ml／辣椒…2根

作法 **1** 辣椒去籽，再切成圈狀。**2** [1]、橄欖油倒入平底鍋中，再以極小火煮10～15分鐘左右。最後倒入玻璃瓶等容器中保存。※請保存於陰暗處，避免高溫潮濕場所。

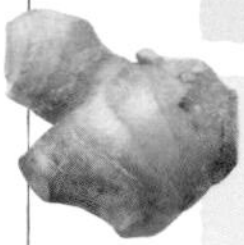

薑油

材料 橄欖油…150ml／生薑…20g

作法 **1** 生薑切成薄片。**2** [1]、橄欖油倒入平底鍋中，再以極小火煮10～15分鐘左右。最後倒入玻璃瓶等容器中保存。※請保存於陰暗處，避免高溫潮濕場所。

蔥油

材料 橄欖油…150ml／長蔥…1根（100g）

作法 **1** 青蔥切成蔥花。**2** [1]、橄欖油倒入平底鍋中，再以極小火煮10～15分鐘左右。最後倒入玻璃瓶等容器中保存。※請保存於陰暗處，避免高溫潮濕場所。

美味活用法

與一般的橄欖油用法相同！另外還能這樣使用……

- 加鹽之後，與法式長棍麵包或豆腐搭配會十分對味。
- 加入幾滴醬油之後，配生魚片會很好吃。
- 加點鹹味與酸味之後，立即變身好吃的淋醬。

有效溫熱身體的温食材

想要改善身體不適，
關鍵在於提升體內的溫度。
能夠溫熱身體，
幫助驅寒的食材，
統稱為温食材。
建議大家在日常生活當中，
積極攝取這類温食材！

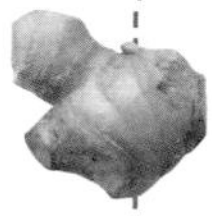

生薑

P42-51

【功效】具發汗作用，能溫熱全身，促進胃液、膽汁的分泌。且薑粉的溫熱效果更強。

辣椒

P52-55

【功效】辣椒素這種辣味成分可改善血液循環，讓身體溫熱起來。

南瓜

P56-59

【功效】可使血液循環至手腳末端，溫熱身體。還具有減輕肩膀痠痛的作用。

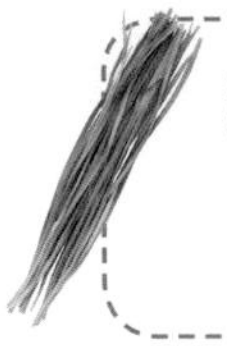

韮菜

P60-63

【功效】溫熱身體後，可緩解頭痛、肩膀痠痛、目眩、心悸、生理痛等症狀。

蕪菁

P64-67

【功效】可溫暖腸胃，預防冰冷現象所造成的腹痛。

（*編註：蕪菁唸ㄨˊ ㄐㄧㄥ，形似蘿蔔，根和葉子皆可食用。）

紫蘇

P68-71

【功效】具發汗作用，能溫熱身體並促進血液循環。

薤

P72-75

【功效】可清澈血液，促進血液循環使身體暖和。

（*編註：薤唸ㄒㄧㄝˋ，也稱藠蕎。葉細長似韭，中空，鱗莖似蒜。花紫色，傘形花序。鱗莖及嫩葉可食。）

雞肉

P76-79

【功效】可將蛋白質轉換成熱能，使體溫上升，舒緩手腳冰冷的現象。

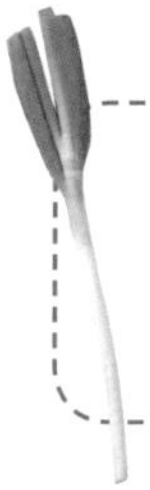

長蔥

P84-87

【功效】可清澈血液，促進血液循環，使身體暖和起來。

蒜頭

P88-91

【功效】可提升代謝，增強消化吸收，並能促進血液循環，使身體溫熱起來。

洋蔥

P92-95

【功效】可清澈血液，促進血液循環，使身體暖和。

海帶芽

P96-99

【功效】改善貧血及便秘，促進血液循環，使身體溫熱起來。

羊栖菜

P100-103

【功效】能有效解除手腳冰冷、肩膀痠痛、貧血、便秘等症狀。鐵質為動物肝臟的六倍。

（*編註：羊栖菜叢生於淺海水中的岩上，藻體褐色，乾則變為黑色，為常見食材。）

納豆

P104-107

【功效】預防便秘及血栓，使血液變清澈，讓身體變暖和。還具有調節賀爾蒙平衡分泌的作用。

青背魚

P108-111

【功效】能有效解決手腳冰冷、水腫及貧血。還具有減少中性脂肪的功效。

（*編註：青背魚是指背部呈青綠色的魚種。如鯖魚、沙丁魚、鮪魚、竹筴魚、鰹魚、秋刀魚。）

肉桂／桂皮

P112-115

【功效】使血液增加。當血管擴張後，能促進微細血管的血液循環，緩解手腳冰冷的現象。

紅蘿蔔

P120-123

【功效】使血液維持在正常狀態，促進血液循環，使身體暖和起來，並具有極佳的保溫效果。

黑芝麻

P124-127

【功效】改善肝臟機能，並可在預防貧血、便秘及老化方面發揮功效。

黑棗乾

P128-131

【功效】含有豐富的鐵質，因此可預防貧血。對於解除便秘也能發揮一定的成效。

山藥

P132-135

【功效】為治療下半身冰冷及水腫的絕佳妙藥。
自古即被用作中藥，十分寶貴。

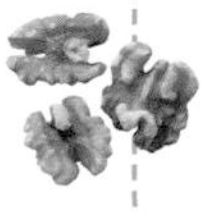

核桃

P136-139

【功效】可清澈血液，促進血液循環，使身體暖和起來。還具有溫熱肺臟和肝臟的效果。

蓮藕

P140-143

【功效】具有造血作用，能有效解決貧血的問題。還能預防便秘及感冒，也有助於肝臟運作。

梅干

P144-147

【功效】促進血液循環，溫熱身體。還具有抑制血小板凝集的作用，以及預防血栓形成。

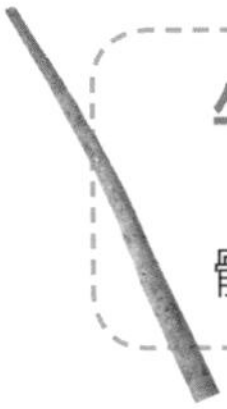

牛蒡

P148-151

【功效】可淨化血液，使血液變清澈，並能溫熱身體。更具有解除便秘及排毒功效。

SPICE

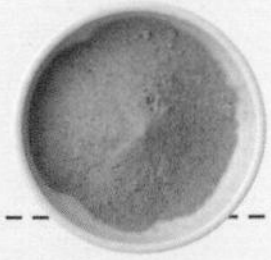

薑黃／黃薑

【功效】藉由活化膽汁的分泌，強化肝臟機能。還具有抗氧化功效及殺菌效果。

胡椒

【功效】具有抗菌效果及防腐功效，此外還能擴張血管，可緩解手腳冰冷現象。

肉荳蔻

【功效】除了能減緩發炎之外，還能增進食欲以及提升消化吸收機能。

山椒

【功效】具有促進消化及消炎作用外，還能幫助腸胃運作。

（*編註：含有檸檬香氣和特殊辣味，是日本代表性的辛香料。）

丁香

【功效】具抗菌效果、殺菌功效及鎮痛作用。還能幫助腸內囤積氣體排出體外。

五香粉

【功效】除了能促進消化之外，還能保護微細血管，並促進血液循環以緩解手腳冰冷。

八角

【功效】具抗菌效果及鎮痛功效，還能維持胃部健康。更能促進血液循環、增進食慾。

七味唐辛子

【功效】可促進血液循環溫熱身體，有助於發汗及消化。

（*編註：簡稱七味粉，是由辣椒粉和其他六種不同辛香料配製而成。）

柚子胡椒

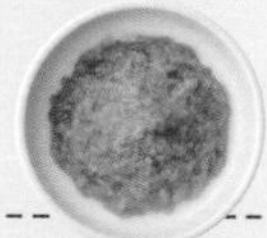

【功效】具有增進微細血管血液循環的作用，此外還能促進胃液分泌以幫助消化。

番紅花

【功效】可促進血液循環，並能溫熱身體促進發汗之外，還能調節胃部機能。

本葛（葛粉・葛根）

【功效】具發汗及解毒作用，可促進代謝。太白粉是由容易使身體冷卻的馬鈴薯製成，因此食用葛粉會比攝取太白粉來得理想。

發酵食品

【功效】可促進消化、吸收、代謝、血液循環，使體溫上升。

各種症狀的原因 & 改善對策

想要改變體質，最重要的就是了解當前的症狀與原因。接下來將依照各種症狀，為大家介紹改善方法以及推薦攝取的食材。

手腳冰冷

症狀

諸如「天氣明明不冷，手腳還是又冰又涼」、「都躲進被窩裡了，雙腳還是冷冰冰」、「下半身比上半身還要冰冷」、「只有手腳末端很冰涼」等現象，就是身體明明不覺得冷，但是局部卻感覺「冰涼」的狀態。有時還會出現肌膚粗糙以及便秘等症狀。

原因

當賀爾蒙分泌不均衡，或自律神經失調時，就會因為各種因素，導致末稍血管的血液循環變差。尤其手腳距離心臟遙遠，血液循環會變得不好，因此才容易出現症狀。一旦血液循環不佳，基礎代謝就會下降，肌膚再生週期（turnover）便會失序，連帶將出現肌膚粗糙等症狀。手腳冷冰如果變成慢性化，將引發低體溫。而且當身體溫度下降，腸道蠕動也會變差，造成便秘。

有效的改善對策

1 溫熱腹部周圍及腸道

想要改善血液循環，首重使腹部周圍溫熱起來。因此請多加攝取能溫熱腸道的食材。

推薦食材　**辛香料、黑芝麻**

2 攝取含精胺酸的食材

精胺酸是種能促進肌肉發熱的營養素，因此早餐請攝取含有大量精胺酸（胺基酸）的食材，藉由這些食材活化產生熱能的身體機能。

推薦食材　**雞肉、豬肉、蝦子、納豆、堅果類、牛奶……**

3 攝取鹼性食材

鹼性食材能清澈血液，具有改善血液循環的作用。請大家積極攝取，使體內維持在容易溫熱的狀態。

推薦食材　**豆類、海藻類……**

低體溫

症狀

意指原本應維持在三十七度的深部體溫（內臟體溫），卻降到三十六度以下的狀態。體溫下降一度，基礎代謝將降低約百分之十二，免疫力也會衰退約百分之三十。血液循環不良，新陳代謝也會變差，連帶致使老廢物質不易排出體外，還會引起細胞內的老化現象。

原因

體溫通常靠自律神經掌控，有時會因為壓力或飲食習慣不正常等因素，導致自律神經失調。於是血液循環會變差，新陳代謝也會惡化，導致熱能無法遍布全身，因此體內的溫度便會下降。

有效的改善對策

1 攝取含悠卡諾（輔酶Q10）的食材

體溫只要上升一度，免疫力就會上升大約三倍，因此首要工作便是改善血液循環。為強化輸出血液的力量，大家應攝取可調節心臟、肌力，名為悠卡諾（輔酶Q10）的輔酶。而且這種內含悠卡諾（輔酶Q10）的食材，也是眾所皆知的抗氧化物質，可產生能量將營養素及酵素送達身體的每個角落。

推薦食材：**沙丁魚、牛肉、豬肉、青花菜、高麗菜、蒜頭**

2 攝取含大量酪胺的食材

鹼性食材能清澈血液，具有改善血液循環的作用。請大家積極攝取，使體內維持在容易溫熱的狀態。

推薦食材：**起司、優格、肝臟、葡萄乾、味噌、醬油、納豆、葡萄酒**

貧血

症狀

當血液中屬於紅血球的血紅素減少，就會出現「全身倦怠」、「使不上力」、「想動卻動不了」等，疲勞、心悸及呼吸困難之類的症狀。

原因

在貧血的人當中，許多人都患有手腳冰冷的症狀。只要身體變冷，血液便無法遍及全身，於是血液循環變差，將氧氣運送至細胞的能力衰退，呈現缺氧狀態。所以最終才會出現貧血的各種症狀。

有效的改善對策

1 攝取含大量維生素B12的食材

貧血與手腳冰冷有著密切關聯，對手腳冰冷有益的食材，也同樣能改善貧血。應攝取富含維生素B12的食材，因為紅血球生成萬萬不能缺少維生素B12。

推薦食材　青背魚（竹筴魚、鯖魚）

2 攝取含大量優質蛋白質的食材

想要增加血液（尤其是紅血球），須攝取富含優質蛋白質的食材。

推薦食材｜**肉類、海鮮類、豆類、蛋**

3 攝取含大量鐵質的食材

切記應攝取富含鐵質的食材，因為鐵質是形成血液中血紅素的基本元素。而且如能一同攝取含鐵食材和維生素C，還能提升身體的吸收率。

推薦食材｜**肝臟、大豆製品、海藻類……**

4 攝取含葉酸的食材

血液生成時不可或缺的葉酸，也是改善貧血時必需的營養素。

推薦食材｜**黃綠色蔬菜**

陰陽的概念

有效攝取
才能改善手腳冰冷。

何謂陰陽的概念？

「陰與陽」源自古代中國哲學的一種概念，意指森羅萬象，也就是所有存在於宇宙間的事物，都能區分成陰與陽這兩類。

「陰與陽」原本與天候息息相關。「陰」意指陰天或陰涼處，「陽」意指陽光或向陽處。此外還將「陰」分類成被動性質，「陽」屬於主動性質。陰陽雖然存在著相反的性質，但是唯有陰陽調和，才能常保大自然規矩有序。

依據這種「陰陽」概念的思想及學說，稱之為陰陽學、陰陽論、陰陽說等等。即便在現今的日本，十二地支、曆法、八字命學、中醫、長壽飲食法等許多概念，也全是由「陰陽」所衍生出來。而在陰陽的概念當中，每種食材都能分類成陰與陽，且陰陽食材大致可依據下述特徵作區分。

攝取時應思考「陰陽調和」的問題

在我們的身體裡面，每種成分皆有其應盡的重要職責，因此彼此的成分比例非常重要。想要維持身心平衡，須避免老是攝取相同食物，且應留意哪些食材屬於陰性，哪些屬於陽性食物，均衡地加以攝取。

因此遵循大自然法則，食用當令美味食材，才是維持健康與陰陽調和的最佳捷徑。

哪些食物為「陰」？哪些為「陽」？

陽性食物

陽性食物能溫熱身體，具有使人情緒亢奮的作用。所以應攝取蓄積太陽能量的食物，為身體補充能量。深色食物以及在寒冷地區收成的作物，就是屬於陽性的食物。

- **鹽分多的食物（天然鹽、梅干、味噌等等）。**
- **在寒冷、涼爽環境下採收到的作物（山藥等等）。**
- **堅硬、水分含量少的食物（蓮藕、紅蘿蔔等等）。**
- **朝地底垂直生長的植物（牛蒡等等）。**
- **需要花時間燉煮的食物（南瓜、紅蘿蔔等等）。**

陰性食物

陰性食物會使身體變冷，大多具有鎮靜的作用，因此有些食物最好盡量避免食用。夏季天氣熱的時候會想吃的食物，以及在炎熱地區收成的作物，都會使身體冷卻。大家須注意不能因為夏天氣候炎熱，便攝取過多會導致身體變冷的陰性食物，切記應好好調整體質，為冬天做好準備。

- 化學合成的食物（化學調味料、可樂等等）。
- 精製後色澤偏白的食物（白砂糖等等）。
- 在炎熱、溫暖地區收成的作物（蕃茄、香蕉等等）。
- 柔軟、水分含量多的食物（茄子、葡萄等等）。
- 往天空垂直生長的植物（竹筍等等）。

chapter

1

溫熱身體！

手腳冰冷為「萬病之源」，
此外更是「老化之源」。
當體內溫度下降，
酵素的運作就會變差，
有時恐使人老是疲憊不堪，
難以恢復活力。
因此應視季節挑選當令食材，
並採用有助於溫熱身體的
烹調方式及調味料。
本章將介紹能有效溫熱身體的食譜，
供大家作參考。

薑湯

材料（1人份）白開水 … 150ml／生薑糖漿（P49）… 1又1/2大匙／橄欖油 … 適量

作法 白開水倒入杯中，加入生薑糖漿後充分拌勻，再滴入幾滴橄欖油。

讓身體暖呼呼的飲品食譜

薑汁紅茶 ➔

材料（1人份）紅茶 … 150ml／薑粉（P47）… 1/2小匙（使用生薑時需要8g）／橄欖油 … 適量

作法 紅茶與薑粉倒入杯中充分拌勻，再滴入幾滴橄欖油。

薄荷日本酒 ➔

材料（1人份）日本酒 … 150ml／薄荷葉 … 3g／橄欖油 … 適量

作法 1 日本酒溫熱至人體肌膚的溫度。2 薄荷葉倒入杯中，再注入[1]。最後滴入幾滴橄欖油。

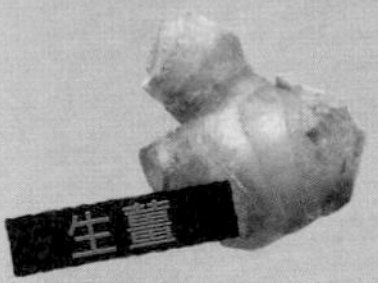

可溫熱全身，促進胃液及膽汁的分泌，使營養成分能有效地被人體吸收！

澆汁鍋巴豆腐

材料（2人份）

木綿豆腐…1塊（400g）
紅蘿蔔…20g
青椒…1個
洋蔥…1/4個
鴻喜菇…50g
橄欖油…4大匙

A
日式醬油（2倍濃縮）…60ml
薑粉（P47）…1小匙
（使用生薑時需要16g）
海苔佃煮…1大匙
水…100ml
豆瓣醬…少許
巴薩米克醋…1大匙
黑糖…1大匙

B
葛粉…2小匙
水…4小匙

（*編註：海苔佃煮是以醬油和糖熬煮出來的海苔醬。）

作法

1 木綿豆腐用廚房紙巾包起來瀝乾水分，再切成7～8mm厚。

2 紅蘿蔔、青椒切絲，洋蔥切片，鴻喜菇分成小朵。

3 橄欖油倒入平底鍋中，加入[1]再以中火將木綿豆腐兩面煎至酥脆後盛盤。

4 [2]與[3]倒入同一個平底鍋中，拌炒至食材變軟為止，再加入[A]拌炒均勻。稍微煮滾後加入[B]勾芡，最後淋在[3]上面。

酸甜濃稠的澆汁，
與煎至酥香的豆腐
實在絕配！

營養知識

葛也是中藥「葛根湯」所使用的藥材之一，具有提升體溫的作用。而且還能促使血液中的老廢物質排出體外，促進血液循環，具有淨化血液的效果。另外醋雖然會冷卻身體，但是只要使用經熟成發酵後的巴薩米克醋，由於內含大量具抗氧化作用的多酚，因此能清澈血液，有助於體溫的提升。

咖哩粉和椰奶，輕鬆變身異國風味。鱈魚可用雞肉或蝦子替代！

營養知識

生薑能抑制血液變黏稠，使血栓不易形成，具有清澈血液的效果。此外還能發揮解毒作用，因此能促進代謝，強化細胞的活力。在這些作用影響下，可促進發汗、排尿、排便等等，所以體內排毒的效果十分可期。

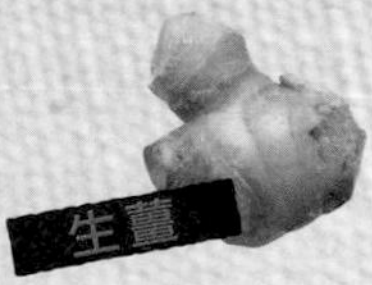

薑酮為賦予辛辣味道的主要成分，能溫熱身體使血液循環變好，
改善因冰冷現象所造成的腎盂炎、膀胱炎！

生薑椰汁芝麻燉菜

材料（2人份）

南瓜…50g
紅蘿蔔…50g
地瓜…50g
甜椒（紅、黃）…各1/8個
洋蔥…1/4個
新鮮鱈魚…1片

A
椰奶…200g
黑芝麻醬…2大匙
薑粉（P47）…1又1/2小匙
（使用生薑時需要24g）
黑糖…1大匙
咖哩粉…1小匙
水…50ml
鹽…3/4小匙

橄欖油…1大匙
黑胡椒粉、鹽…適量
巴西利葉……適量

作法

1　南瓜、紅蘿蔔、地瓜、甜椒、洋蔥分別隨意切成小塊，新鮮鱈魚切成一口大小。

2　橄欖油倒入鍋中，加入[1]拌炒，待所有食材炒勻後，撒上少許黑胡椒粉、鹽再拌炒均勻。

3　加入[A]後蓋上鍋蓋，以小火加熱10分鐘左右，煮至蔬菜變軟為止。最後盛盤，並以巴西利葉作裝飾。

方便用於
各式料理當中！

巧妙活用薑粉！

想要改善手腳冰冷，
使用薑粉會比一般生薑來得更有效率！
生薑乾燥後，辛辣成分薑酮更會增加，
可使身體暖和起來，血液變清澈！

＊食譜中使用的
即為薑粉。

1

400g生薑切成薄片，
排列在鋪有烘焙紙的烤
盤上。

乾燥

2 烤箱預熱至100度後，烤2小時～2個半小時左右，使生薑乾燥至酥脆為止。

打碎

3 用食物調理機或擂缽等器具磨成粉末狀。

＼ 薑粉 ／

完成

（乾燥後為25g）

粉末

4 裝入玻璃瓶等容器中，放在冷藏庫保存。

※置於冷藏庫可保存2～3個月。

薑粉隨時備著使用更方便！

生薑醬

材料（2人份）

生薑…200g
黑糖…150g
檸檬汁…2大匙
橄欖油…50ml

作法

1 生薑充分洗淨後，連皮以果汁機或食物調理機打碎。

2 將[1]、黑糖攪拌均勻，暫時靜置直到水分釋出為止。

3 [2]、檸檬汁倒入鍋中以小火燉煮30～40分鐘。待出現濃稠度後，加入橄欖油充分攪拌均勻。

4 裝入玻璃瓶等容器中，放在冷藏庫保存。※置於冷藏庫可保存2～3個星期。

美味活用法

- **塗在麵包上，或是加入優格中拌勻。**
- **加入紅茶中，調製成薑茶享用。**
- **與肉類十分對味，可作為肉類料理的調味料。**

生薑糖漿（薑汁汽水的原料）

材料（2人份）

生薑…200g
黑糖…150g
水…300ml

A
- 肉桂棒…1根
- 小豆蔻…5～6粒
- 辣椒…1根
- 黑胡椒…10粒
- 檸檬汁…2大匙

作法

1 切片生薑與黑糖倒入鍋中攪拌均勻，靜置一段時間（盡量靜置一個晚上左右）備用。

2 水、[A]倒入[1]中以小火燉煮30～40分鐘，離火後放涼。冷卻後以篩網過濾，再倒入玻璃瓶等容器中，放在冷藏庫保存。※置於冷藏庫可保存2～3個星期。

美味活用法

- **加入汽水中就會變成薑汁汽水。**
- **加入紅茶或豆漿中就會變成薑汁飲品。**
- **還能作為薑燒料理或燉煮料理的提味之用。**

GINGER Column 薑的效果

生薑中的辣味成分具有優異的發汗效果！

出現感冒症狀時，依照古時候的處理方式，通常會叫人流汗趕走感冒、出汗改善症狀。能夠促進發汗的代表性食材，就屬「生薑」，獨特的辛辣成分中，具有優異的發汗效果，一直被人當作草藥使用至今。

幫助消化有益腸胃健康！

新鮮的生薑，內含辛辣成分的薑油，而薑油具有強大的殺菌能力，可預防食物中毒，此外還能增進食欲，更可促進胃液分泌幫助消化。

將生薑加熱或乾燥後，薑油會減少，進而產生薑酚及薑酮這類的辣味成分。這些成分比起薑油更能使身體溫熱起來，對於促進血液循環也有極佳成效，因此想要改善手腳冰冷的人，最好使用加熱乾燥過的薑粉。

辣椒

辣椒素這種辣味成分能刺激交感神經，經大腦指令下產生熱能，
有助於即速發熱！

義式香蒜辣椒白蘿蔔麵

材料（2人份）

白蘿蔔…200g
辣椒…2根
蒜頭…1瓣
橄欖油…4大匙
鮪魚（罐頭）…1罐（80g）
鹽…1/2小匙
紫蘇…2片
辣椒絲…適量

作法

1 白蘿蔔用削皮器削成麵條般的細長狀。辣椒去籽後切成圈狀，蒜頭切片，紫蘇切絲。

2 橄欖油、蒜頭、辣椒倒入平底鍋中爆香。待香氣出現後，加入白蘿蔔以中火拌炒至變軟為止，接著加入稍微瀝乾油分的鮪魚攪拌均勻，再以鹽調味。

3 盛盤後以紫蘇、辣椒絲作裝飾。

營養知識

辣椒素這種辣味成分容易溶於油中，因此請用油充分拌炒，使辣味移轉至油中再使用。加熱至100度上下時，辣味最容易溶解出來，因此不能一口氣大火加熱，切記須以小火慢慢拌炒。而且辣椒切得愈小，辣味成分就會增加愈多。

白蘿蔔麵料理就是健康的代名詞。
辣椒的辛辣感，加上蒜頭的香氣，
讓人配酒喝到停不下來！

豆漿可使辣味變順口，
使鮮醇度提升！
想吃辣一點的人，
請增加辣椒粉的用量。

辣椒

辣椒素這種辣味成分能促進「腎上腺素」分泌，而腎上腺素能分解脂肪，因此十分推薦正在減肥的人食用這道料理！「腎上腺素」能增加血液循環，因此也有助於提升體溫。

韓式豆漿鍋

材料（2人份）

A | 豆漿…400ml
A | 葛粉…2小匙
泡菜…100g
辣椒粉…1/2小匙
豬肉片…100g
木綿豆腐…1/2塊
韮菜…15g
長蔥…10cm
橄欖油…適量

作法

1 豬肉切成方便食用的大小。豆腐片成方便食用的大小（7～8mm厚），韮菜切成5cm長，長蔥斜切成片。

2 橄欖油倒入鍋中，加入豬肉和泡菜後以中火拌炒。待豬肉煮熟後，加入[A]再充分攪拌均勻。等煮滾後加入豆腐、韮菜、青蔥、辣椒粉，再稍微煮滾後熄火，最後盛盤。

營養知識

辣椒的辣味成分辣椒素能提升體溫，促進皮膚的血液循環。利用這樣的特徵，於平時多加攝取辣椒，將有助於改善吹冷氣所導致的全身冰冷現象，以及體溫調節機能不佳的狀態。

南瓜

研究發現維生素E能有效緩解手腳冰冷及肩膀痠痛，
而南瓜中的維生素E含量在蔬菜當中更是名列前茅！

南瓜鱈魚湯

材料（2人份）

南瓜…200g
新鮮鱈魚…1片
紅蘿蔔…50g
甜椒（紅、黃）…各1/2個
洋蔥…1/2個

A｜雞高湯粉…1又1/3大匙
A｜水…600ml

橄欖油…1大匙
紅甜椒粉…1/2大匙
鹽、胡椒…適量

作法

1. 鱈魚切成一口大小，南瓜、紅蘿蔔、甜椒隨意切成一口大小，洋蔥切末。
2. 橄欖油和洋蔥倒入鍋中，以小火拌炒至焦糖色為止。
3. 加入鱈魚、南瓜、紅蘿蔔、甜椒後，以中火拌炒，再加入[A]、紅甜椒粉拌炒均勻，接著蓋上鍋蓋燉煮10～15分鐘左右，直到南瓜變軟為止。最後以鹽、胡椒調味後盛盤。

營養知識

南瓜內含維生素E，可使紅血球變形，以便血液能流動至血管的細枝末節，還能使血管擴張，因此在改善血液循環方面的效果十分可期。由於有助於使血液遍布手腳末端，因此堪稱改善手腳冰冷的關鍵營養素。

鱈魚的鮮甜味融入湯中，
與鬆軟香甜的南瓜
堪稱最佳拍檔！

以椰奶和魚露調味，
呈現出乎意料的新口味
異國焗烤料理！

南瓜

南瓜是種營養價值優異的蔬菜。除了富含β-胡蘿蔔素之外，
還含有充分的維生素B1、B2、B6，以及維生素C、E，
還有鈣、鎂、鐵等等，營養均衡！

南瓜千層燒

材料（2人份）

南瓜…200g
鮪魚（罐頭）…1罐（80g）
帕馬森乾酪…3大匙
肉桂粉…適量
橄欖油…2大匙

A
椰奶…150ml
魚露…2又1/2小匙
蜂蜜…1小匙

作法

1 南瓜以削皮器削成薄片。

2 [A]倒入調理盆中充分攪拌均勻。

3 依序將[1]、[2]稍微瀝乾油分的鮪魚、帕馬森乾酪、肉桂粉、橄欖油層層疊疊共3次。

4 以800～1000w的小烤箱烤20分鐘左右，加熱至南瓜變軟為止。

營養知識

西醫認為，維生素E是一種能增加末梢血液量的維生素。手腳冰冷的人，只要增加末梢血液量，即可緩解手腳冰冷的情形。也就是說，維生素E這種維生素能夠改善手腳冰冷症狀。除了手腳冰冷之外，對於肩膀痠痛、月經不順等情形，維生素E也能發揮不錯的改善效果。

韭菜能清澈血液，緩解頭痛、肩膀痠痛、目眩、
生理痛這類的「瘀血」症狀，最適合用來溫熱身體！

雞肝炒韭菜燉蕃茄

材料（2人份）

雞肝…100g
韭菜…1/2把（約50g）
橄欖油…1大匙

A
- 整顆蕃茄（罐頭）…100g
- 日式醬油（2倍濃縮）…2大匙
- 鹽麴…1又1/2小匙
- 豆瓣醬…1/10小匙

作法

1 雞肝用水充分洗淨後瀝乾水分，再切成一口大小。韭菜切成5cm長，整顆蕃茄壓碎至看不出形狀。

2 橄欖油倒入平底鍋中，加入雞肝後以中火煎至焦色為止。待上色後加入[A]燉煮。

3 水分稍微收乾後，加入韭菜稍微拌炒均勻，最後盛盤。

營養知識

韭菜和蕃茄內含維生素C，能使身體進一步吸收雞肝內含的鐵質。韭菜具有造血功能，所以能清澈血液。而雞肝除了內含鐵質之外，更含有維生素B群、菸鹼酸，因此能改善血液循環。

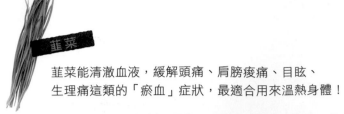

用蕃茄的酸味與豆瓣醬的辣味，
拌炒出美味無比的雞肝炒韮菜。
讓人白飯一碗接一碗停不下來！

將沖繩料理中一定會出現的
炒木綿豆腐另外加上韮菜，
使配色更好看，香氣更迷人，
引人胃口大開！

營養知識

韮菜特有的香氣成分為二烯丙基二硫，可促進消化液的分泌，活化內臟運作。此外還能加強身體對雞肝內含維生素B1的吸收率，可活化新陳代謝。平時多加攝取，即可看出手腳冰冷、神經痛及凍瘡等問題的改善成效。

具有改善血液循環的效果，
可改善手腳冰冷及生理不順等女性特有的症狀！

韭菜炒木綿豆腐

材料（2人份）

韭菜…1/2把（約50g）
木綿豆腐…1/2塊
香菇…2朵
紅蘿蔔…50g
雞肝…6個
蒜頭…1瓣
蛋…2個
橄欖油…1大匙、適量

A
- 魚露…1小匙
- 蠔油…1小匙
- 芥茉醬…2小匙
- 柚子胡椒…1/5小匙
- 辣椒粉…少許

芝麻粉（白）…2大匙

作法

1 韭菜切成5cm長，香菇與蒜頭切片，紅蘿蔔切絲，雞肝切成一口大小。豆腐切成容易入口的大小。

2 橄欖油（1大匙）與蒜頭倒入平底鍋中，以小火加熱爆香。待香氣出現後，加入雞肝以中火拌炒，等雞肝煮熟後，加入紅蘿蔔、香菇拌炒至變軟為止，再加入豆腐。

3 加入[A]充分拌炒入味，再將鍋中食材撥到邊邊，然後將橄欖油（適量）倒入空出來的地方後，再倒入打散的蛋液。等加熱

4 至半熟狀態後，將所有食材拌炒均勻，再加入韭菜稍微拌炒均勻。最後盛盤，並撒上芝麻粉。

蕪菁具有溫熱腸胃的作用。
能抑制因冰冷現象所導致的腹痛，所以有時會被用於腹痛藥中！

炒蕪菁

材料（2人份）

蕪菁…2個
蕪菁葉…30g
蒜頭…1瓣
青蔥…10cm
薑粉（P47）…1/2小匙
（使用生薑時需要8g）
紅蘿蔔…20g
櫻花蝦（乾燥）…10g
豬絞肉…60g
中華高湯粉…1又1/3大匙
蛋…2個
橄欖油…適量
炒熟芝麻粒（白）…適量

作法

1 蕪菁（連皮）、蕪菁葉、蒜頭、青蔥、紅蘿蔔分別切成末。

2 橄欖油、蒜頭、青蔥、薑粉倒入平底鍋中以小火加熱。待香氣出現後加入紅蘿蔔、豬絞肉、蕪菁，再以中火拌炒至蕪菁變軟為止。

3 加入櫻花蝦、蕪菁葉稍微拌炒一下，再加入中華高湯粉調味。

4 將鍋中食材撥到邊邊，然後將少許橄欖油倒入空出來的地方，再倒入打散的蛋液。加熱至半熟狀態後，將所有食材拌炒均勻。

5 盛盤後撒上炒熟芝麻粒。

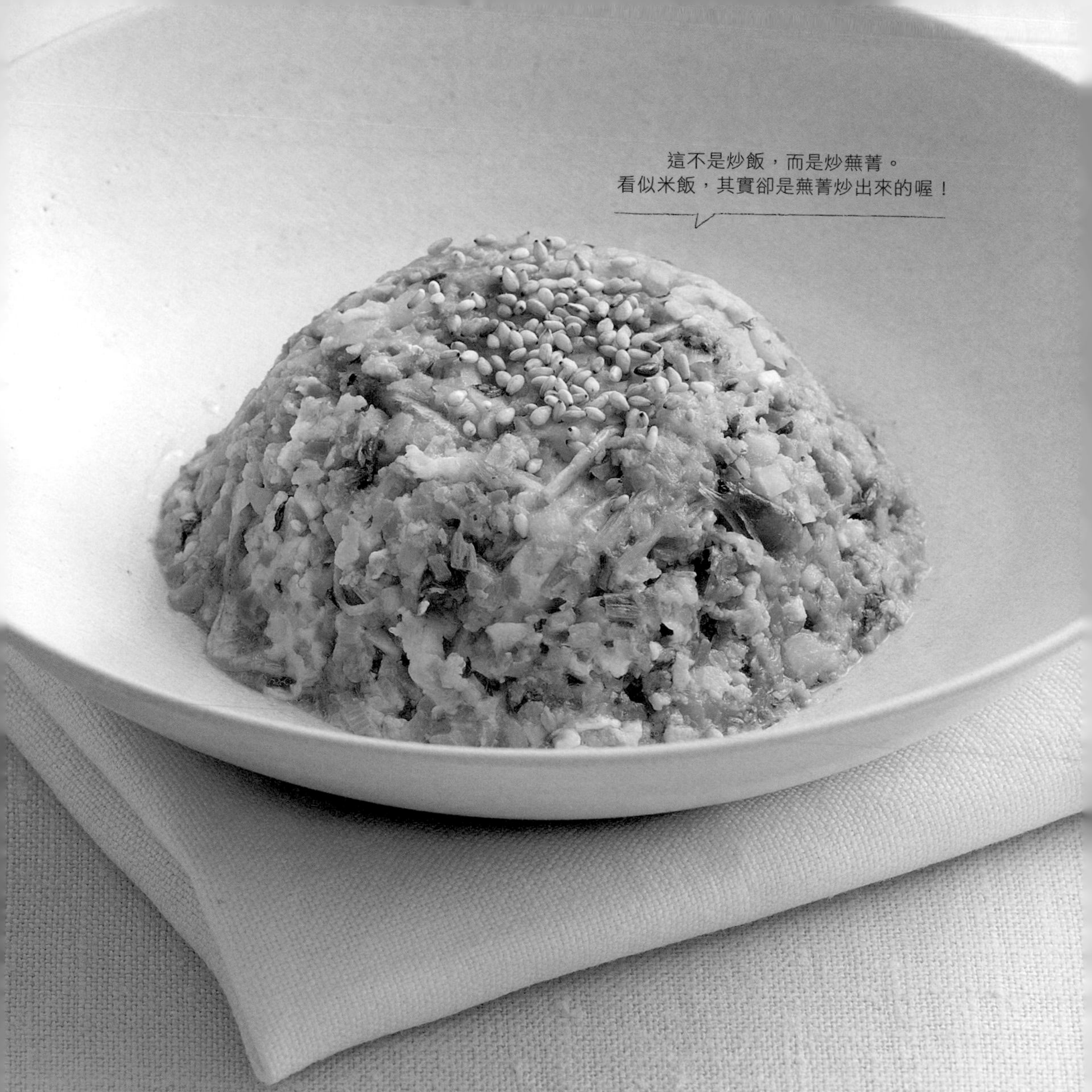

這不是炒飯，而是炒蕪菁。
看似米飯，其實卻是蕪菁炒出來的喔！

營養知識

蕪菁含有大量的消化酵素，因此生吃能幫助胃不好的人消化吸收，也能抑制胃食道逆流等症狀。此外蕪菁一經加熱後可溫熱腸胃，因此自古即用來預防因冰冷現象所導致的腹痛，屬於非常珍貴的食物。

泡菜加山椒的麻辣，
搭配上黑豆的甜味，
交織成出人意表的美味料理！

營養知識

內含於蕪菁果肉、莖、葉中的辣味成分為異硫氰酸烯丙酯，具有防止血栓與解毒作用。此外蕪菁還富含有助於消化澱粉的澱粉酶，因此據說能緩解胃食道逆流及飲食過量的不適感。

富含鉀及鐵質，因此有助於預防水腫及改善貧血！

泡菜炒蕪菁

材料（2人份）

蕪菁…2個	泡菜…100g
豬肉片…100g	黑豆甘露煮…50g
洋蔥…1/2個	粗粒黑胡椒…1/4小匙
橄欖油…適量	山椒粉…1/4小匙
昆布茶…1小匙	蕪菁葉…適量

（*編註：昆布茶是由昆布萃取的含鹽粉狀調味料，是日本家庭常用的高湯鹽。）
（*編註：黑豆甘露煮是經過醬煮的香甜軟糯黑豆零食。）

作法

1　蕪菁連皮切成8等分的半月形。洋蔥切片，豬肉切成方便食用的大小。蕪菁葉切成末。

2　橄欖油倒入平底鍋中，再加入蕪菁以中火煎至兩面呈現焦色為止。接著加入洋蔥拌炒至變軟為止，然後加入昆布茶拌勻入味。

3　加入豬肉拌炒，待炒熟後加入泡菜拌炒均勻。

4　加入黑豆甘露煮、黑胡椒、山椒粉後調整味道，盛盤後再撒上蕪菁葉。

紫蘇×甜辣醬的新發現。
今後靠這招就能
吃光如山高的蔬菜囉！

β-胡蘿蔔素的豐富含量，在蔬菜中數一數二。
記得與橄欖油一同攝取，以加速身體的吸收！

紫蘇蘘荷沙拉

材料（2人份）

紫蘇…10片
蘘荷…3個
雞里肌…2條
酒…1小匙

A
- 甜辣醬…2大匙
- 芝麻粉（白）…2小匙
- 醬油…1/2小匙
- 橄欖油…2大匙

（*編註：蘘荷又稱茗荷，是日本的一種生薑，味道清香。）

作法

1 雞里肌放在耐熱盤上再撒上酒，接著包上保鮮膜以500w的微波爐加熱1分鐘。翻面後再加熱1分鐘左右，直到雞里肌熟透為止。然後從微波爐中取出，再撕成細雞絲。

2 紫蘇與蘘荷切絲。

3 [1]、[2]倒入調理盆中再加入[A]，接著充分攪拌均勻後盛盤。

營養知識

蘘荷與紫蘇一樣，都能看出促進血液循環及發汗的效果。蘘荷的香氣成分蒎烯，能促使發汗，改善呼吸及血液循環，且可促進消化。還具有平衡賀爾蒙分泌的作用，據說對於月經不順、更年期障礙、手腳冰冷、因冰冷現象導致的腰痛及腹痛，皆能看出改善成效。

紫蘇

藉由具強大抗菌作用的紫蘇醛成分，預防腸道內的細菌腐敗，
使血液維持清澈，並能促進造血功能，預防貧血！

紫蘇泡菜

材料（2人份）

紫蘇…20片

A
- 醬油…2大匙
- 黑糖…1小匙
- 蒜泥…1/2瓣
- 薑粉（P47）…1/2小匙（使用生薑時需要8g）
- 辣椒粉…1小匙
- 芝麻粉（黑）…2小匙
- 橄欖油…1又1/2小匙

作法

1 [A]倒入鍋中稍微煮滾，接著離火放涼備用。

2 將一片片紫蘇葉泡過[1]，再裝入保存容器中。然後將剩餘湯汁由上淋下，靜置一個晚上。

3 [2]切成方便食用的大小，搭配切片的莫札瑞拉起司捲起後盛盤。

※[A]的分量適用於20片紫蘇。

營養知識

紫蘇自古即被視為可改善氣血循環的食材。由紫蘇種籽萃取而成的紫蘇油，更富含α-亞麻酸，也是對身體十分有益的Omega-3脂肪酸，會在體內轉換成名為IPA的成分。另外還含有大量的β-胡蘿蔔素，可清澈血液，改善血液循環及預防動脈硬化。

最適合做為下酒菜。
辣度請依個人喜好作調整！

營養知識

薤內含的獨特成分，屬於二烯丙基二硫之一的大蒜素中，具有抑制血小板凝集的作用，有助於清澈血液。此外還能減少血液中的脂質，因此也能連帶預防糖尿病、高血壓、動脈硬化。

可品嚐到薤的酸味
與花蛤的鮮甜味，
呈現超乎想像的酒蒸料理！

薤

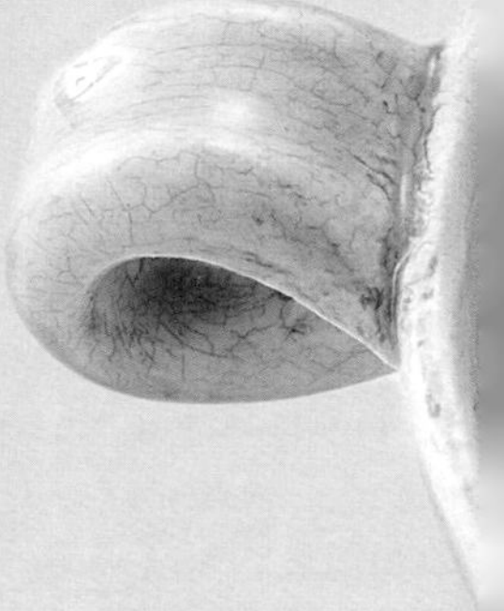

可改善全身的血液循環，此外還具有保溫作用，
因此有助於抑制身體變冷！

酒蒸薤、花蛤與菜豆

材料（2人份）

花蛤…200g
薤…50g
菜豆（水煮）…100g
酒…50ml
橄欖油…2大匙
生辣椒…1/2根
巴西利末…適量

作法

1. 花蛤浸泡在3%的鹽水中吐砂。接著充分摩擦洗淨，並將水分完全擦乾後備用。
2. 薤大略切碎，生辣椒去籽後切成圈狀。
3. 花蛤、菜豆、[2]、橄欖油、酒倒入平底鍋中，再蓋上鍋蓋以中火加熱。
4. 待花蛤打開後離火，盛盤後撒上巴西利末。

自古即被用來作為中藥材，被譽為「田中之藥」，
屬於健康食材的一種！

薤起司火鍋

材料（2人份）

比薩用起司…100g
日本酒…50ml
薤…3個（約30g）
橄欖油…1大匙
黑胡椒粉…適量
青花菜…50g
帶殼蝦子…4尾
鵪鶉蛋（水煮）…8個
酪梨…1/2個
洋菇…4個
甘栗…8個

作法

1 薤切成末。

2 橄欖油倒入鍋中，加入[1]再以中火輕輕拌炒，接著加入比薩用起司、日本酒後攪拌均勻。待起司融化後，加入多一點的黑胡椒粉攪拌均勻，料理成起司火鍋。

3 青花菜分成小朵後汆燙至軟。蝦子去殼去腸泥，再汆燙至熟透為止。酪梨切片。

4 [3]、鵪鶉蛋、洋菇、甘栗盛入盤中，再搭配上起司火鍋。

入口即化的起司，搭配上薤的甜味與口感，
快來盡情享受這大人口味的起司鍋！

營養知識

起司熱熱的吃，可提高身體的保溫效果。另外一般的起司火鍋通常會用白酒來稀釋起司，但以能溫熱身體的日本酒取代後，更能提高起司與薤的保溫效果。

米飯以魚腥草茶蒸煮過之後
完全嚐不出茶味，
彈性十足的糯米炊飯只會充斥著
雞肉及蔬菜的鮮甜味！

營養知識

魚腥草茶可強化微細血管，使血液變清澈，因此研究指出能有效預防手腳冰冷現象。還具有使血管變柔軟，讓疲軟的幫浦功能恢復正常，幫助血液循環順暢，因此大家應積極攝取魚腥草茶。此外糯米也具有溫熱身體的作用。

富含菸鹼酸，此成分可使血液循環變好，
因此具有改善手腳冰冷的效果！

魚腥草茶糯米炊飯

材料（4人份）

糯米…3杯（450g）
魚腥草茶（或是烏龍茶）…550ml
薑粉（P47）……2小匙
（使用生薑時需要32g）
牛蒡…30g
乾燥海帶芽…6g
橄欖油…2大匙
鹽…2小匙
紅蘿蔔…20g
雞腿肉…100g
燒肉醬…2大匙

作法

1 糯米充分洗淨，放在篩網30分鐘左右瀝水備用。

2 海帶芽用水泡發，變軟後將水分擠乾，尺寸太大時切成方便食用的大小。

3 紅蘿蔔切絲，牛蒡削成細片。

4 雞腿肉切成方便食用的大小，浸泡在燒肉醬中數分鐘。

5 [2]、[3]、鹽、薑粉倒入調理盆，加入橄欖油充分攪拌均勻。

6 [1]、[4]、[5]、魚腥草茶倒入鍋中輕輕攪拌均勻，再蓋上鍋蓋開大火加熱。煮滾後轉成小火，加熱20分鐘後熄火。接著繼續蓋著鍋蓋燜煮15分鐘左右，充分拌勻後盛盤。

可暖和腎臟，提高內臟機能的食材之一。更含有豐富的營養素精胺酸（胺基酸），能促進肌肉發熱，清澈血液！

五香粉烤雞肉

材料（2人份）

雞腿肉…2片

A
- 薑粉（P47）…1又1/2小匙（使用生薑時需要24g）
- 五香粉…1大匙
- 鹽…1又1/2小匙

橄欖油…3大匙
糯米椒…適量
香菇…適量
綜合生菜…適量

作法

1 將[A]攪拌均勻，撒在整個雞肉上。

2 橄欖油倒入平底鍋中，加入[1]再蓋上鍋蓋，以中火半蒸煎。待熟透後打開鍋蓋，將雞皮那一面以大火煎至酥脆為止。

3 將[2]斜切成雞肉片，盛盤後搭配上綜合生菜、煎過的糯米椒與香菇。

營養知識

雞腿肉內含的精胺酸能提高免疫力，使體溫上升，而花生四烯酸則能提升血管內皮機能，使血液循環變好。另外五香粉的主要原料包含八角、花椒、陳皮、丁香、小茴香等，這些食材全部具有溫熱身體和腸胃，以及促進消化的作用。

煎至酥脆的雞皮香氣四溢。
五香粉的氣味
更是誘人胃口大開！

chapter 2

改善血液循環！

想要解除身體局部冰冷，
或是慢性手腳冰冷的症狀時，
最重要的就是改善血液循環。
當身體必需的營養
能夠完全消化並吸收，
使營養可送抵全身每個角落，
細胞的新陳代謝就能活化起來。
在這個過程中產生的
就是「體溫＝熱」。
本章將為大家介紹
改善血液循環溫熱身體，
促進消化、吸收、代謝
的各種食譜。

讓血液變乾淨的飲品食譜

巧克力牛奶

材料（1人份）巧克力…1大匙／牛奶…150ml／橄欖油…適量

作法 1巧克力、牛奶倒入鍋中充分攪拌均勻，同時開火加熱。2倒入杯中，再滴入幾滴橄欖油。

薔薇果薄荷茶

材料（1人份） 薄荷葉…3g／薔薇果茶…3g／白開水…150ml／橄欖油…適量

作法 **1** 白開水、薔薇果茶倒入鍋中熬煮。**2** 薄荷葉倒入杯中，再將[1]一邊過濾一邊倒入杯中，最後滴入幾滴橄欖油。

梅醬番茶 ➔

材料（1人份） 番茶…150ml／橄欖油…適量／梅干（鹽分7%）…1個／醬油…1大匙／薑粉（P47）…1/4小匙（使用生薑時需要4g）

作法 **1** 梅干倒入平底鍋中將兩面煎至焦色為止，去籽後再剁成細末。**2** 番茶、[1]、醬油、薑粉倒入杯中充分攪拌均勻，最後再滴入幾滴橄欖油。

長蔥

長蔥的蔥白部分內含可預防血栓等問題的硫黃化合物，
因此有助於使血液變清澈！

烤蔥佐蔥醬

材料（2人份）

長蔥…2根
橄欖油…2大匙

A
- 味噌…1又1/2大匙
- 蜂蜜…1/2小匙
- 苦椒醬…1又1/2小匙
- 橄欖油…2大匙

七味唐辛子…適量

（*編註：苦椒醬是具有鮮味與辣味的韓國紅辣椒醬。）

作法

1. 將大約10cm的長蔥蔥白切成末，剩餘的長蔥蔥白切成8等分，再於正中央劃入刀痕備用。
2. 切成8等分的長蔥以刀痕朝上的方式排列在鋁箔紙上，淋上橄欖油後再包起來。接著以800～100w的小烤箱烤20分鐘左右，加熱至長蔥變軟為止。
3. 切成末的長蔥與[A]攪拌均勻。
4. 將[2]盛盤，再淋上[3]。最後依個人喜好撒上七味唐辛子。

營養知識

長蔥的辣味成分二烯丙基二硫，具有提升肝臟機能、減輕水腫、改善肌膚健康的作用。此外味噌有內含於大豆中的皂苷，還具有促進肝臟機能的功效。將長蔥搭配味噌，即可達到加乘效果，使肝臟永保活力又健康！

長蔥長時間加熱後，
就會變得入口即化又香甜。
包你能一個人
將整根長蔥吃光光！

利用散發五香粉與生薑香氣的雞高湯為湯底，
呈現這道清爽的中華風味香蔥湯。

長蔥

含有大量鉀、鈣、維生素C、胡蘿蔔素，營養均衡，
且這些營養成分皆有助於改善血液循環！

五香粉風味香蔥湯

材料（2人份）

長蔥…1根
雞里肌…1條
韮菜…30g
五香粉…1/4小匙
橄欖油…2大匙
薑粉（P47）…1/4小匙
（使用生薑時需要4g）
水…400ml
鹽…1小匙

作法

1 長蔥的蔥白斜切成薄片。韮菜切成5cm長。

2 橄欖油、[1]的長蔥倒入鍋中以小火拌炒。待黏液出現且稍微變成茶色後，加入五香粉、薑粉攪拌均勻，再加入水。煮滾後加入雞里肌汆燙，待煮熟後取出撕成細雞絲。

3 加鹽調整味道。接著加入韮菜、[2]的雞里肌後，再稍微煮滾一下，最後盛盤。

營養知識

長蔥分成蔥綠部分與蔥白部分，兩者皆具有溫熱身體的作用，但是研究指出，埋在土裡的蔥白部分效果更佳，由於這層緣故，感冒初期才會有人習慣食用蔥白。因此建議大家在冬季當令時節攝取青蔥，提高體溫以對抗感冒！

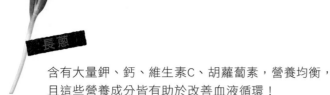

蒜頭

具有擴張血管末稍的作用，使心臟輸送血液的力道能遍及全身，
從手腳末稍至頸部都能溫熱起來！

蒜味湯

材料（2人份）

蒜頭…4瓣
橄欖油…2大匙
蛋…2個
紅甜椒粉…1大匙
水…500ml
鹽…1小匙
巴西利末…適量

作法

1 蒜頭切片。

2 橄欖油、蒜頭倒入鍋中以小火加熱。待稍微上色後加入紅甜椒粉攪拌均勻，接著加入水後再蓋上鍋蓋，以小火將蒜頭燉煮至變軟為止。

3 加鹽調味，再倒入打散的蛋液，等加熱至半熟狀態後熄火，接著盛盤，最後撒上巴西利末。

營養知識

蒜頭特有的香氣成分大蒜素，有助於溫熱身體。而蒜頭內含的其他成分同樣也具有溫熱身體的作用，因此對於改善手腳冰冷症狀來說，算是非常理想的食材。尤其增精素這種物質，能提升代謝並促進消化吸收，且具有改善血液循環的功效。

這款溫暖順口的熱湯，
能品嚐到蒜頭加蛋花的
香甜滋味！

把十分受歡迎的西班牙料理，
變化成改善手腳冰冷的版本。
最適合搭配葡萄酒一同享用！

蒜頭

經實驗證實，只要加熱至100度以上，即可提升防止血栓與抑制膽固醇等清澈血液的效果！

香蒜蝦

材料（2人份）

蒜頭…8瓣
甘栗…8個
帶殼蝦子…8尾
洋菇…8個
青花菜…8朵（50g）
橄欖油…適量
鹽…適量

作法

1 蝦子去殼去腸泥。

2 [1]、甘栗、蒜頭、洋菇、青花菜倒入平底鍋中，再加入橄欖油直到淹過食材為止。接著以中火加熱7～8分鐘，燉煮至熟透為止，最後撒上鹽調味。

營養知識

蒜頭自古便被稱作「溫菜」或「溫藥」，具有促進血液循環並溫熱身體的作用，在改善手腳末稍冰冷現象方面，被視為難得的食材之一。另外栗子除了能溫熱身體之外，同時也是強健腸胃及腎臟，滋補強身的食物。甚至能看出清澈血液的效果。

洋蔥

洋蔥含有豐富的「大蒜素」、「槲皮素」，這些營養成分皆具有改善血液循環的效果，因此洋蔥可說是清澈血液的代表性蔬菜之一！

八角風味洋蔥湯

材料（2人份）

洋蔥…2個	水…600ml	帕馬森乾酪…20g
培根…30g	高湯塊…2個	八角…1/2個
橄欖油…20g	鹽…1/5小匙	巴西利末…適量
葛粉…1大匙	胡椒粉…適量	

作法

1. 洋蔥切片，培根切成長方形。
2. 橄欖油、洋蔥倒入鍋中，以小火拌炒至焦糖色為止。
3. 待變成焦糖色後，加入培根攪拌均勻。
4. 加入水、葛粉、高湯塊、八角後煮滾。接著以鹽、胡椒粉調味後盛盤。最後撒上帕馬森乾酪，再撒上巴西利末。

營養知識

洋蔥切好後靜置15分鐘以上，可使營養成分更為穩定，將清澈血液的作用發揮至最大極限。洋蔥放在空氣底下，或經由加熱可形成二甲基三硫，此外在長時間拌炒下，還會變化成Cepaene這種成分，使清澈血液的效果更加提升。

利用洋蔥與八角的溫和甜味，
讓人由內而外溫暖起來。

只需加入蕃茄燉煮，
即可瞬間變成義式口味。
多汁的雞肉風味鮮甜，
好吃到無法擋！

洋蔥

研究指出洋蔥能預防動脈硬化、糖尿病及高血壓，還能針對幽門螺桿菌、大腸桿菌O157、葡萄球菌等細菌產生抗菌作用。

洋蔥甜椒燉蕃茄

材料（2人份）

雞腿肉…100g
蒜頭…1瓣
洋蔥…1個
甜椒（紅、黃）…各1/2個
整顆蕃茄（罐頭）…200g
鹽、胡椒粉…適量
羅勒葉…適量
橄欖油…1大匙

作法

1 雞腿肉切絲後仔細地撒上鹽、胡椒粉。甜椒切絲，洋蔥與蒜頭切片。

2 橄欖油、蒜頭倒入鍋中以小火加熱，待香味出現後加入洋蔥、甜椒，再以中火拌炒至變軟為止。

3 加入雞腿肉再拌炒一下，然後一邊將整顆蕃茄壓碎一邊加入鍋中。接著蓋上鍋蓋燉煮約10分鐘左右，再以鹽、胡椒粉調味。

4 盛盤後以羅勒葉作裝飾。

營養知識

洋蔥內含二烯丙基二硫，此成分具有延遲血液凝固，清澈血液的作用。二烯丙基二硫的特性為遇水即會流失，因此目的在於改善血液循環的人，洋蔥切片後不能泡在水中。

海帶芽

富含鐵質，因此能有效改善缺鐵性貧血。還能製造出運送血液的血紅素，因此可預防貧血現象！

韓式海帶湯

材料（2人份）

花蛤…100g
嫩豆腐…50g
蝦米…5g
水…600ml
海帶芽（鹽漬）…30g
炒熟芝麻粒（白）…1小匙
鹽…1/2小匙
醬油…1又1/2小匙
長蔥…5cm
橄欖油…2大匙

作法

1 花蛤浸泡在3%的鹽水中，充分洗淨後將水分瀝乾。鹽漬海帶芽以流水搓洗乾淨，浸泡在水中3～5分鐘左右，然後將水分充分瀝乾，並切成一口大小。豆腐切成1cm小丁，長蔥切成蔥花。

2 橄欖油倒入平底鍋中，熱鍋後再倒入海帶芽、芝麻拌炒至變色為止。

3 水、花蛤及蝦米倒入鍋中開火加熱。煮滾後加入豆腐、[2]，再以醬油、鹽調味，盛盤後撒上蔥花。

營養知識

海帶芽內含水溶性食物纖維褐藻醣膠，這種成分具有防止血栓的作用。而且據說還能預防與修復胃部發炎及潰瘍，更具有提升肝臟機能的效果。另外在提升免疫力及滋養強身方面，也是頗有助益。

完全濃縮花蛤與蝦米
鮮甜味的韓式海帶湯！

可品嚐到大量
菇類與牡蠣的彈性口感，
保證讓愛吃牡蠣的人
一口接一口停不下來！

內含鐵、碘、錳、鋅、鈣、鉀等礦物質，為清淨血液的珍貴食材！

嫩煎牡蠣與海帶

材料（2人份）

海帶芽（鹽漬）…50g
牡蠣…6個
香菇…2朵
鴻喜菇…50g
金針菇…50g
橄欖油…2大匙

A
甜辣醬…2大匙
中濃醬…5大匙
薑粉（P47）…1/4小匙
（使用生薑時需要4g）

七味唐辛子…依個人喜好
珠蔥…適量

作法

1 鹽漬海帶芽以流水搓洗乾淨，浸泡在水中3～5分鐘左右，將水分瀝乾後再切成方便食用的大小。

2 香菇切片，鴻喜菇與金針菇分成小朵。

3 橄欖油倒入平底鍋中，加入[2]後以中火拌炒至變軟為止。接著加入牡蠣拌炒，待炒熟後再加入[1]、[A]充分拌勻。盛盤後撒上切成蔥花的珠蔥。最後依個人喜好撒上七味唐辛子。

營養知識

牡蠣和海帶芽一樣，皆富含各種礦物質。尤其含有大量的銅及鐵，銅能促進造血作用，而鐵可生成運送血液的血紅素，因此用海帶芽與牡蠣組合而成的料理，可使人改善難受的貧血症狀！

鐵質含量為肝臟的6倍，在海藻類當中名列第一名！

羊栖菜澤庵漬玉子燒

材料（2人份）

乾燥羊栖菜…5g
（用水泡發後約40g）
澤庵漬…40g
韮菜…1/8把
（約15g）

蛋…4個
昆布茶…2小匙
（註釋見P67）
薑粉（P47）…1/2小匙
（使用生薑時需要8g）

山椒粉…1/4小匙
黑糖…1/2小匙
橄欖油…適量
白蘿蔔泥…適量
紫蘇…適量

（*編註：澤庵漬是以鹽和米糠醃漬的蘿蔔乾。）

作法

1 羊栖菜用水泡發，待變軟後瀝乾水分再切成末。澤庵漬、韮菜分別切成末。

2 [1]、昆布茶、薑粉、山椒粉、黑糖、蛋倒入調理盆充分攪拌均勻。

3 於玉子燒鍋中塗上薄薄一層橄欖油燒熱。將少量[2]倒入鍋中，待表面凝固後從邊邊捲起來。接著再倒入少量[2]，並以相同方式捲起來。然後重覆上述動作數次，將玉子燒完成。

4 調整外形後，放在切菜板上切成一口大小。盛盤後搭配上紫蘇葉和白蘿蔔泥。

營養知識

類似羊栖菜這種在冬天生長於大海中的海藻類，具有溫熱身體的效力，含有許多有助於成長及生育的鋅。此外還富含不耐寒冷的腎臟及膀胱尤其需要的礦物質及鈣。

不加鹽，只以昆布茶調味。
而澤庵漬的口感與雞蛋的柔和甜味，
最適合放進便當裡當配菜！

又麻又辣的花椒成為最佳亮點，
再以蝦子、酪梨、甜椒繽紛點綴！

富含鈣、鐵及碘，可改善血液循環，更能看出維持頭髮、指甲及肌膚健康的功效！

中國花椒炒羊栖菜鮮蝦

材料（4人份）

乾燥羊栖菜…5g
（用水泡發後約40g）
帶殼蝦子…8尾
酪梨…1/2個
甜椒（紅、黃）…各1/4個
中國花椒（粉）…1/4小匙
雞高湯粉…1小匙
鹽、胡椒粉…適量
橄欖油…適量

作法

1 羊栖菜用水泡發，待變軟後將水分充分瀝乾備用。酪梨切成1cm小丁，甜椒橫向片成薄片，蝦子去殼去腸泥。

2 橄欖油倒入平底鍋中，加入羊栖菜、甜椒後再以中火拌炒。待炒軟後加入雞高湯粉拌炒均勻，拌勻後加入蝦子繼續拌炒。

3 等蝦子煮熟後，加入酪梨拌炒。接著加入中國花椒粉後以鹽、胡椒粉調味，最後盛盤。

營養知識

羊栖菜內含鎂，能使肌肉收縮順暢，因此可有效預防並改善肩膀痠痛、腰痛及手腳冰冷等症狀。此外還富含可生成血紅素的鐵，而血紅素的工作正是運送血液，因此研究指出能幫助預防貧血。只是羊栖菜內含的鐵，為吸收率僅5%左右，效率不佳的非血紅素鐵，因此切記與肉類、魚類及蔬菜一同攝取，以提高鐵質的吸收率。

分量飽足卻很健康！
黏稠又入口即化的醬汁，
保證讓人吃到上癮！

納豆

納豆激酶這種成分能預防血栓，清澈血液。
此外還具有促進血液循環的作用！

豆腐排佐納豆醬

材料（2人份）

木綿豆腐…200g
橄欖油…1大匙
納豆…1盒（50g）
薤…20g

A
- 芝麻粉（黑）…2小匙
- 橄欖油…2大匙
- 鹽麴…1又1/2小匙
- 醬油…1/2小匙

七味唐辛子…適量

作法

1 木綿豆腐以廚房紙巾包起來瀝乾水分，再切成一半厚度。橄欖油倒入平底鍋中，再加入木綿豆腐，並以中火將兩面煎至焦色。

2 薤切成末。

3 納豆、[2]、[A]倒入調理盆中充分攪拌均勻。

4 將[1]盛盤，上面再淋上[3]，最後撒上七味唐辛子。

營養知識

發酵食品據說能溫熱身體，且可清澈血液。尤其納豆內含的酵素納豆激酶，具有溶解血栓的作用，而且其效力在食品中更是名列第一。豆腐為陰性的鹼性食物，因此具有清澈血液的作用，但是同時也會使身體變冷，因此務必溫熱後再享用。

納豆內含優質蛋白質，可作為製造優質血液的原料！

酪梨泡菜納豆

材料（2人份）

泡菜…100g
納豆…1盒（50g）
納豆醬…1盒的分量
橄欖油…2大匙
肉桂粉…1/10小匙
酪梨…1/2個
珠蔥…2根
紫蘇葉…2片

作法

1 泡菜稍微切碎。酪梨切成5～6mm小丁，珠蔥切成蔥花。

2 [1]、納豆、納豆醬、橄欖油、肉桂粉倒入調理盆中，充分攪拌均勻。

3 紫蘇葉鋪在盤子上，再將[2]擺上去。

營養知識

蔥內含大蒜素，這種成分有助於提高納豆富含的維生素B1吸收率。此外在納豆內含的納豆激酶中，具有溶解血栓的作用，而青蔥則具有預防血栓的作用，因此納豆＋珠蔥＋橄欖油，對於清澈血液的效果備受期待！

納豆×泡菜的黃金組合，
與肉桂出奇地對味！

以苦椒醬調味，
麻辣口感最是精髓，
讓人白飯吃到停不下來！

青背魚

青背魚含有DHA與EPA的營養素，有助於解除手腳冰冷、水腫及貧血現象！

辣味噌滷鯖魚

材料（2人份）

鯖魚…2片（200g）

A
- 薑粉（P47）…2小匙（使用生薑時需要32g）
- 黑糖…2大匙
- 味噌…2大匙

A
- 水…2大匙
- 苦椒醬…2大匙（註釋見P84）
- 酒…3大匙
- 橄欖油…1又1/2小匙

長蔥…1根

辣椒絲…適量

作法

1. 在鯖魚的魚皮部分劃入刀痕備用。長蔥切成4～5cm長。
2. [A]倒入耐熱碗中攪拌均勻，再加入[1]充分拌勻。
3. 包上保鮮膜，以500w的微波爐加熱7～8分鐘，直到鯖魚煮熟為止。
4. 盛盤後以辣椒絲作裝飾。

營養知識

魚的分類眾說紛紜，一般青背魚指的是背部呈現青色的魚，例如沙丁魚、竹筴魚、鯖魚、秋刀魚、鰹魚、鮪魚皆歸類為青魚，這些魚類皆富含優質脂肪酸，也就是OMEGA-3脂肪酸的DHA、EPA。而當令的魚通常含有大量油脂，可有效攝取到DHA、EPA。DHA、EPA除了能清澈血液之外，更有實驗證實能促進脂肪燃燒，因此可增加提升代謝的熱能含量。

DHA、EPA除了能清澈血液之外，還能使大腦細胞膜變柔軟，活化大腦運作！

油煎咖哩風味杏仁沙丁魚

材料（2人份）

沙丁魚…2尾
麵粉…2大匙
咖哩粉…2大匙
蛋…1個
杏仁片…適量
橄欖油…4～5大匙
鹽、胡椒粉…適量
巴西利葉…適量
紅蘿蔔…適量

作法

1. 沙丁魚用手片開，再仔細地撒上鹽、胡椒粉。
2. [1]撒上混合均勻的麵粉與咖哩粉，再裹上打散的蛋液，然後沾上杏仁片。
3. 橄欖油倒入平底鍋中燒熱，放入[2]以中火將兩面煎至焦色為止。盛盤後搭配上巴西利葉及稍微煎過的紅蘿蔔。

營養知識

杏仁內含的脂質當中，富含OMEGA-9脂肪酸的油酸，屬於優質不飽和脂肪酸。因此可改善血液循環，降低體內的膽固醇，能預防身體冰冷、動脈硬化及高脂血症。而且咖哩粉內含番紅花，可促進血液循環並能改善胃部機能。

透過咖哩風味與杏仁酥脆口感，
讓青背魚更美味更容易入口！

燒肉醬為關鍵角色，
方便大家三兩下炒出
鮮味十足的料理！

肉桂

桂皮醛為肉桂中的成分，據説可使血管擴張，改善血液循環！

肉桂炒甜椒牛蒡

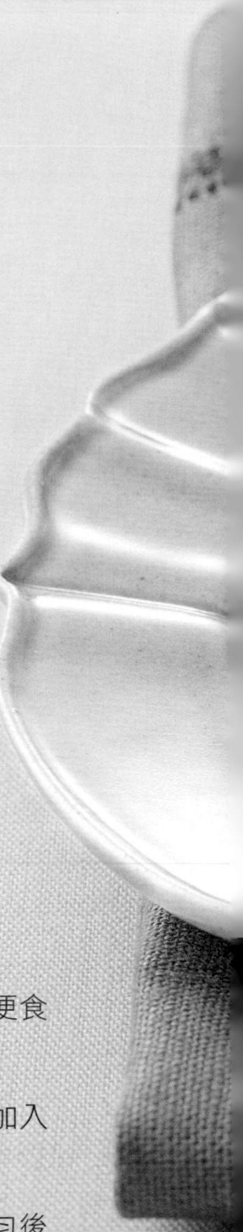

材料（2人份）

牛蒡…30g
甜椒（紅）…1/2個
香菇…2朵
洋蔥…1/4個
豬肉片…100g

A
燒肉醬…2大匙
苦椒醬…2小匙（註釋見P84）
肉桂粉…1/2小匙

橄欖油…1大匙

作法

1 牛蒡削成細片，甜椒切絲，香菇與洋蔥切片。豬肉切成方便食用的大小。

2 橄欖油倒入平底鍋中，再加入牛蒡以中火拌炒。待炒軟後加入[1]拌炒。

3 豬肉煮熟且蔬菜變軟後，再加入[A]拌勻。等所有食材拌勻後盛盤。

營養知識

肉桂具有溫熱內臟的作用，能改善血液循環，使手腳冰冷現象好轉，還能改善黑眼圈、預防水腫、促進消化等等。此外更具有穩定微細血管構造的功效，經證實能常保血管年輕有活力。而且除了可使胃部強健之外，更因為能促進腸道蠕動，因此解除便秘的效果也是相當可期。

肉桂

肉桂的桂皮菁華中，具有促進血管修復與血管擴張的效果，據說能有效使微細血管長保年輕！

咖哩肉桂風味湯

材料（2人份）

- 雞腿肉…100g
- 洋蔥…1/4個
- 蒜頭…1瓣
- 水…500ml
- 雞高湯粉…1大匙
- 橄欖油…1大匙

A
- 薑粉（P47）…1小匙（使用生薑時需要16g）
- 孜然粉…1/2小匙
- 肉桂粉…1/2小匙
- 肉荳蔻粉…1/2小匙
- 薑黃粉…1/2小匙
- 魚露…1大匙

作法

1. 雞腿肉切成小一點的一口大小。洋蔥切片，蒜頭切成末。
2. 橄欖油、蒜頭倒入鍋中以小火加熱。待香氣散出後，加入洋蔥拌炒至出現黏性為止，接著再加入雞腿肉繼續拌炒。
3. 加入水、雞高湯粉，再燉煮至雞腿肉熟透為止。最後加入[A]調味後盛盤。

大量辛香料成就深奧風味，
使身體暖呼呼，
代謝變更好！

營養知識

肉桂可活化細胞的新陳代謝，具有強健微細血管的作用。由於可使血液遍布至末稍，因此能有效改善手腳冰冷。血液循環改善後，連帶代謝也會變好，因此除了能解決手腳冰冷的問題，也是防止肌膚老化的最佳幫手。另外肉桂更具有調整水分代謝的作用，冬天水分代謝容易變差，因此肉桂是因應水腫的必備食材。

chapter

3

促進腎臟機能！

五臟之一的「腎」，
被視為悠關生命活動
及生育能力的關鍵部位。
萬一身體冰冷致使腎臟機能不佳的話，
除了會造成提早老化，
更會引發水腫、毛髮問題、疲勞感、
生殖系統疾病、下半身疼痛、
頻尿等各式各樣的症狀。
為了預防這些症狀，
切記須攝取有益腎臟的食材。
本章將為大家介紹可溫熱腎臟，
促進腎臟機能的各種食譜。

讓內臟活力十足的飲品食譜

辛香椰奶巧克力

材料（1人份）巧克力…1大匙／椰奶…150ml／薑粉（P47）…1/4小匙（使用生薑時需要4g）／肉桂粉…1/4小匙／芝麻粉（黑）…1/2小匙／黑糖…1小匙／橄欖油…適量

作法 所有材料倒入鍋中充分攪拌均勻，同時開火加熱，稍微煮滾後倒入杯中，再滴入幾滴橄欖油。

豆漿印度奶茶

材料（1人份）肉桂…1/2根／丁香…2個／黑胡椒粉…撒2下／薑粉（P47）…1/4小匙（使用生薑時需要4g）／黑糖…1小匙／豆漿…75ml／水…75ml／橄欖油…適量

作法 所有材料倒入鍋中開火加熱。稍微煮滾後，一邊過濾一邊倒入杯中，再滴入幾滴橄欖油。

辛香水果紅酒

材料（1人份）紅酒…150ml／柳橙…15g／肉桂…1根／黑胡椒粉…撒2下／橄欖油…適量

作法 紅酒、肉桂、黑胡椒粉倒入鍋中開火加熱，稍微煮滾後倒入杯中。接著加入切片柳橙，再滴入幾滴橄欖油。

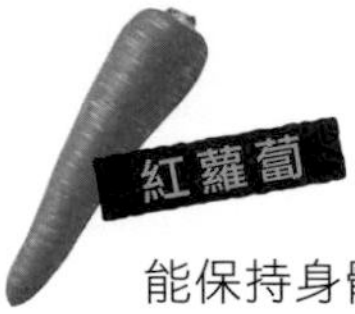

能保持身體的溫度，因此據說可預防手腳冰冷、低血壓及凍瘡！

紅蘿蔔湯麵

材料（2人份）

紅蘿蔔…200g
橄欖油…2大匙
去殼蝦子…8～10尾
韮菜…1/4把
長蔥…10cm

蒜頭…1瓣
薑粉（P47）…1小匙
（使用生薑時需要16g）
核桃…10g
雞高湯粉…1又1/3大匙

燒肉醬…3大匙
水…600ml
豆瓣醬…1/2小匙
鹽、胡椒粉…適量

作法

1 紅蘿蔔以削皮器削成麵條般的細長狀。蒜頭切成末，韮菜切成3～4cm長，長蔥切成蔥花。核桃切碎備用。

2 橄欖油倒入鍋中，再加入蒜頭以小火加熱爆香。待香氣出現後，加入紅蘿蔔拌炒，等炒軟後加入薑粉、鹽、胡椒粉攪拌均勻。

3 加入水、雞高湯粉、燒肉醬、豆瓣醬燉煮。待紅蘿蔔變軟後，加入韮菜、蝦子，再燉煮至蝦子熟透為止，接著熄火。

4 盛盤後以蔥花、核桃碎作裝飾。

營養知識

紅蘿蔔內含β-胡蘿蔔素，擁有強大的抗氧化功效，可保護身體遠離活性氧的傷害，還能清澈血液。此外形成紅蘿蔔色素的番茄紅素，也具有優異的抗氧化功效，與橄欖油搭配之下，效果更加顯著，有助於預防癌症及老化！

將紅蘿蔔變身成麵條！
實現健康無比
又配料多多的暖身湯品。

甜口味的核桃味噌
與蔬菜拌一拌，
再多都吃得完！

紅蘿蔔

擁有豐富礦物質、維生素及食物纖維等營業素的萬能蔬菜！

核桃味噌炒紅蘿蔔高麗菜

材料（2人份）

紅蘿蔔…80g
高麗菜…80g
甜椒（紅、黃）…各1/4個
豬肉片…60g
橄欖油…適量

A
核桃…30g
味噌…2大匙
黑糖…1大匙
酒…1大匙
橄欖油…1大匙

核桃（切碎，裝飾用）…適量

作法

1 高麗菜切成正方形，紅蘿蔔用削皮器削成片，甜椒隨意切塊。豬肉片切成2cm寬。

2 將[A]用果汁機或擂缽打成泥狀。接著將橄欖油倒入平底鍋中，加入[1]後再以中火拌炒。待炒軟後加入分量外的水（1大匙），並蓋上鍋蓋蒸煮。

3 等高麗菜變軟且水分收乾後，加入所有的[2]後將所有食材拌勻，最後盛盤並以核桃碎作裝飾。

營養知識

中醫認為紅蘿蔔可溫熱內臟，具有補血的作用，大量食用對身體有益。而且紅蘿蔔內含鐵質，因此在預防貧血及造血功效方面也是相當可期。由於能改善血液循環，因此十分推薦給體質冰冷或低體溫的人攝取！

黑芝麻

均衡內含可改善腎臟機能的必需胺基酸。也富含鐵、磷、鎂、鋅等礦物質！

黑芝麻烤雞肝 佐牛蒡片

材料（2人份）

雞肝…200g

A
- 醬油…1又1/3大匙
- 薑粉（P47）…1/2小匙（使用生薑時需要8g）
- 蒜泥…1瓣的分量
- 黑糖…2小匙

牛蒡…60g

紅蘿蔔…適量

B
- 咖哩粉…1/2小匙
- 鹽…1/2小匙

芝麻粉（黑）…適量

橄欖油…適量

作法

1. 雞肝用水洗淨，再瀝乾水分。接著切成方便食用的大小，用牙籤在外皮上戳幾個洞，然後浸泡在[A]中。
2. 牛蒡斜切成薄片，紅蘿蔔切成細絲。
3. 將多一點的橄欖油倒入平底鍋中，再加入牛蒡油炸。待炸至酥脆後取出，並撒上攪拌均勻的[B]。
4. 在[1]的雞肝上撒上芝麻粉，用[3]同一個平底鍋半煎炸。
5. 紅蘿蔔鋪在盤子上，再將[3]、[4]盛盤。

雞肝潤口到超乎想像。
黑芝麻的香氣
更是誘人食欲！

營養知識

黑芝麻被視為有益腎臟的食物，內含能改善肝臟機能的必需胺基酸甲硫胺酸，以及可防止老化的維生素E，還有能預防貧血的鐵質等礦物質。另外咖哩粉的薑黃具有強化肝臟機能的作用，而且還有促進消化及血液循環的功效，甚至抗血栓效果也十分可期。大家可多吃黑芝麻×咖哩粉，讓肝臟健康有活力！

將中華麵條改成白蘿蔔乾後，
可大幅降低熱量，
還能牢牢沾附黑芝麻的濃郁湯底！

營養知識

白蘿蔔乾與新鮮的白蘿蔔相較之下，鈣質高達15倍，鐵質高達21倍，維生素B1、B2高達10倍，屬於營養價值非常高的食物。還含有豐富的食物纖維，有助於解除便秘。此外據說在白蘿蔔乾的保溫效果下，不但能預防手腳冰冷，更可促進消化，使老廢物質排出體外。

2大匙的黑芝麻，相當於大約1/3把菠菜的鐵質含量！

擔擔麵風味白蘿蔔乾

材料（2人份）

白蘿蔔乾…20g
水…800ml
芝麻醬（黑）…4大匙
薑粉（P47）…1/2小匙
（使用生薑時需要8g）
蒜頭…1瓣
長蔥…10cm
橄欖油…1大匙
雞高湯粉…1又1/3大匙
苦椒醬…2小匙
中國花椒（粉）…1/2小匙
雞絞肉…100g

A
- 苦椒醬…1大匙（註釋見P84）
- 黑糖…1小匙
- 醬油…1/5小匙
- 中國花椒（粉）…1/5小匙

橄欖油…1大匙

作法

1 白蘿蔔乾用水泡發。待變軟後將水分充分瀝乾。用來泡發白蘿乾的水須保留備用。

2 蒜頭切成末。長蔥切成5cm長，外側的部分切成白蔥絲，中心部分切成末。

3 橄欖油、蒜末、切成末的長蔥、薑粉加入鍋中以小火加熱。待香氣出現後，加入白蘿蔔乾拌炒至水分收乾為止。接著加入[1]的泡發水、雞高湯粉、苦椒醬、芝麻醬、中國花椒粉加以調味。

4 在平底鍋塗上橄欖油，然後倒入雞絞肉拌炒。等雞肉炒熟後，再加入[A]拌勻。

5 將[3]倒入碗中，再擺上[4]，最後以白蔥絲作裝飾。

黑棗乾

能促進胃液分泌增進食欲，因此最適合沒胃口吃不下的人食用！

黑棗醬炒青蔥豬肉

材料（2人份）

豬里肌火鍋肉片…20g
洋蔥…1/2個
韮菜…50g（1/2把）
長蔥…1/2根
蒜頭…1瓣
乾燥海帶芽…3g
（泡發後為20g）
橄欖油…1大匙

A
- 黑棗乾（剁碎備用）…4個（約40g）
- 薑粉（P47）…1小匙
（使用生薑時需要16g）
- 豆瓣醬…1/2小匙
- 醬油…1大匙
- 酒…1小匙

芝麻粉（黑）…2小匙

作法

1. 海帶芽用水泡發，待變軟後將水分擠乾。太大片時切成方便食用的大小。
2. 豬肉切絲，洋蔥與蒜頭切片，韮菜切成5cm長，長蔥斜切成薄片。
3. 橄欖油、蒜片倒入平底鍋中以小火加熱。待香氣出現後，加入洋蔥、長蔥以中火拌炒至變軟為止，接著加入豬肉、海帶芽繼續拌炒。
4. 等豬肉煮熟後加入韮菜拌炒均匀，再加入[A]拌勻。最後撒上芝麻粉輕輕攪拌後盛盤。

黑棗乾的甜味與豆瓣醬
的辣味相輔相乘下，
使人食欲大開！

營養知識

黑棗被譽為「奇蹟水果」，內含大量鈣、鐵、鉀、胡蘿蔔素、維生素B1、維生素B2、維生素C、維生素E、菸鹼酸、泛酸等營養成分，堪稱優質食物。

黑棗乾與醋的酸味
搭配上風味濃厚的雞肝，
實在對味！

黑棗乾

可活化新陳代謝，改善血液循環。
十分推薦手腳容易冰冷的人、血壓低的人、有貧血傾向的人食用！

紅酒壽司醋燉黑棗雞肝

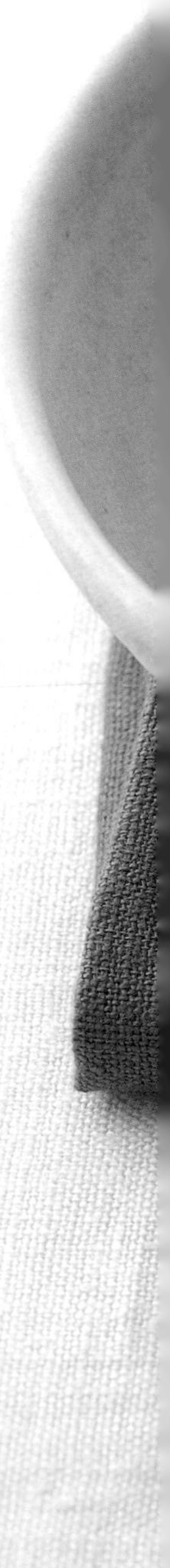

材料（2人份）

- 雞肝…100g
- 甜椒（紅、黃）…各1/4個
- 黑棗乾…75g
- 肉桂粉…1/5小匙
- 紅酒…50ml
- 壽司醋…50ml
- 橄欖油…1大匙
- 巴西利末…適量

作法

1. 雞肝用水充分洗淨，瀝乾水分後再切成一口大小。甜椒隨意切塊。
2. 橄欖油倒入平底鍋中，再加入雞肝以中火拌炒。待雞肝全部炒至焦色後，再加入黑棗乾、甜椒拌炒。此時須加入紅酒，使酒精蒸發。
3. 等酒精蒸發後，再加入壽司醋、肉桂粉，燉煮至水分收乾且出現濃稠度為止。盛盤後再撒上巴西利末。

營養知識

黑棗的豐富礦物質及鐵質，能改善血液循環，活化新陳代謝。除了能防止肩膀痠痛、低血壓及手腳冰冷等症狀，據說還有助於度過更年期障礙。另外黑棗的礦物質和維生素，還可活化因疲勞而導致孱弱的細胞，有助於細胞恢復活力。除此之外，由於具有適度的酸味，因此在味覺方面也能增進食欲。

山藥

為中藥「八味地黃丸」的主要成分，治療下半身冰冷及水腫、頻尿等腎虛症狀的妙藥！

煎鮭魚佐梅子風味山藥醬

材料（2人份）

新鮮鮭魚…2片
山藥…100g、適量
梅干（鹽分7%）…3個
蒜頭…1瓣

生辣椒…1/2根

A
- 鹽…適量
- 胡椒粉…適量
- 山椒粉…適量

橄欖油…4大匙、適量
鹽…1小撮
長蔥…適量
巴西利葉…適量

作法

1 鮭魚兩面仔細地撒上[A]，再放入已經倒有橄欖油（2大匙）的平底鍋中，以中火將兩面煎至焦色，並加熱至熟透為止。

2 蒜頭切成末，辣椒去籽後切成圈狀，梅干去籽後剁碎。山藥（100g）切成末。

3 橄欖油（2大匙）、蒜末、辣椒倒入平底鍋中以小火加熱爆香。待香氣出現後，加入梅干攪拌均勻，等梅干變軟後熄火。

4 切成末的山藥、[3]、鹽倒入調理盆中充分攪拌均勻。

5 將[1]盛入盤中，再淋上[4]。接著淋上橄欖油（適量），並搭配上煎過的山藥切片（適量）與長蔥段，最後以巴西利葉作裝飾。

營養知識

中藥會將山藥乾燥後作為藥材，用作滋養健身等療養處方。山藥含有大量的澱粉分解酵素澱粉酶，可幫助腸胃的消化吸收，有助於恢復疲勞。山藥黏性來源的聚半乳糖等成分，能保護胃黏膜，提高身體的低抗力，可增強氣力及強健肌肉。

利用具爽口酸味的濃稠梅醬，
讓沒有食欲的日子裡也能吃得毫無負擔！

營養知識

山藥具有出類拔萃的滋養強身效果，可整腸健胃提高吸收力，達到補「精＝生命力」的功效。因此想要改善腸胃虛弱體質或腹瀉時、久咳不止時、感覺頻尿或生育能力衰退時，都會建議大家食用山藥。在現代的藥理研究當中，也證實能改善糖尿病及防止老化。經常食用的話，抗老化效果十分可期，屬於回春藥效極佳的食物。

山藥內含黏蛋白成分，可保護胃黏膜，預防並改善胃炎等胃病！

山藥埃及帝王菜湯

材料（4人份）

山藥…75g
埃及帝王菜…1/2把(僅葉片約25g)
蒜頭…1瓣
水…250ml
雞高湯粉…2又1/2小匙
橄欖油…1大匙、適量
芫荽粉…1/4小匙
小豆蔻粉…1/4小匙

（*編註：埃及帝王菜又稱葉用黃麻或野麻嬰，是清熱解毒的夏季野菜。）

作法

1 從埃及帝王菜的莖部摘下葉片的部分，充分洗淨後瀝乾水分，再用菜刀剁碎。

2 蒜頭切成末，山藥磨成泥。

3 橄欖油（1大匙）、蒜末倒入平底鍋中以小火加熱，待香氣出現後加入芫荽粉、小豆蔻粉攪拌均勻再熄火。

4 水、雞高湯粉倒入鍋中以中火加熱，煮滾後加入[1]、[3]攪拌均勻。稍微煮滾後熄火，再加入山藥泥攪拌均勻，最後盛盤並淋上橄欖油（適量）。

核桃

在中藥中據說能淨化氣血及祛痰，還有溫熱肺部和腎臟的效果！

核桃羅勒醬拌地瓜菜豆

材料（2人份）

地瓜…1/2條（約100g）
橄欖油…1大匙
水…2大匙

A
- 核桃…30g
- 羅勒葉…15g
- 橄欖油…2大匙

鹽…1/4小匙
菜豆（水煮）…100g

作法

1 羅勒過水汆燙一下，再將水分充分瀝乾。接著以果汁機或擂缽將[A]打成泥狀，並以鹽調味。

2 地瓜切成1cm寬的圓片。

3 橄欖油、[2]倒入平底鍋中，以中火將所有地瓜煎至焦色。加水後蓋上鍋蓋，蒸煮至地瓜變軟為止。

4 [1]、[3]、菜豆倒入調理盆中充分攪拌均勻，接著盛盤，最後以羅勒葉（分量外）作裝飾。

營養知識

核桃能改善腎臟與肺部的機能，因此可用於緩解呼吸困難、慢性咳嗽、氣喘等症狀。此外還富含α-亞麻酸，有助減輕壓力及預防肥胖、高血壓、糖尿病等，還能幫助防止細胞老化及改善記憶力。近來聽說更具有抗憂鬱的效果。

核桃的風味就是噴鼻香！
用青醬沾裹甜地瓜，
呈現大人的口味。

優格的酸味與核桃
的香氣好生相配。
再加入甜椒使色彩更鮮豔！

營養知識

核桃含有許多蛋白質及優質脂肪酸，此外還富含蘿蔔素、維生素B1、維生素B2、維生素E、鉀、磷、鐵質等營養成分。尤其維生素E具有改善血液循環的作用，因此清澈血液的效果十分可期。

核桃

可補腎強身，穩定肺氣止住咳嗽。此外據說還有潤腸通便的效果！

核桃優格湯

材料（2人份）

核桃…50g、適量
優格…100g
水…100ml
甜椒（紅）…1/2個
黑糖…1小匙
鹽…1小匙
巴西利末…適量
橄欖油…適量

作法

1 核桃（50g）、切成適當大小的甜椒、水，倒入果汁機中打碎。

2 [1]、優格倒入鍋中，再以小火加熱。待煮滾後加入黑糖、鹽調味，接著盛盤。

3 以核桃碎（適量）、巴西利末作裝飾，最後淋上橄欖油。

海鮮的鮮甜味加上紫蘇的
香氣將蓮藕團團圍住，
最適合下酒或配飯吃！

可溫熱身體的陽性食物。將藕節部分磨粉煮成的「蓮根湯」，
自古便一直用作止咳祛痰等陰性疾病的食療料理！

紫蘇炒蓮藕

材料（2人份）

蓮藕…100g
綜合海鮮…100g
薑粉（P47）…1/4小匙
（使用生薑時需要4g）
紫蘇粉…1又1/2小匙
珠蔥…2根
橄欖油…2大匙、適量

作法

1 蓮藕以蔬菜處理器等器具削成薄片。珠蔥切成蔥花。

2 橄欖油（2大匙）、蓮藕倒入平底鍋中以中火拌炒至軟。接著加入綜合海鮮輕輕拌炒一下，再加入紫蘇粉、薑粉拌勻。

3 充分拌勻後熄火，再加入蔥花攪拌均勻，最後盛盤並淋上橄欖油（適量）。

營養知識

常吃蓮藕，可藉由維生素C的效果防止黑色素沉澱，此外還能保護肌膚，避免長出黑斑、雀斑，有助於美容及防止老化。此外還能強健血管、改善血液循環，幫助新陳代謝的活化，因此對於手腳冰冷的改善也十分見效。

蓮藕

含有非常豐富的維生素C，可恢復疲勞、預防感冒及癌症，還能防止老化！

蓮藕鑲煙燻鮭魚泥

材料（2人份）

蓮藕…75g、150g
煙燻鮭魚…75g
薑粉（P47）…1/2小匙
（使用生薑時需要4g）
橄欖油…適量

A
- 日式醬油（2倍濃縮）…2大匙
- 鹽麴…1大匙
- 柚子胡椒…1/5小匙
- 水…2大匙

B
- 葛粉…1/4小匙
- 水…1/2小匙

珠蔥…適量

作法

1 蓮藕（75g）、煙燻鮭魚、薑粉倒入果末機中打成泥狀。

2 將[1]的蓮藕煙燻鮭魚泥裝進擠花袋中，再填入蓮藕（150g）的孔洞裡，接著切成5mm寬左右的片狀。

3 橄欖油倒入平底鍋中，加入[2]後蓋上鍋蓋以中火半蒸煎。待煎至焦色後翻面，並油煎至蓮藕變軟為止，然後盛盤。

4 [A]倒入鍋中開火加熱。煮滾後加入攪拌均勻的[B]勾芡，最後淋在[3]上面，並撒上切成蔥花的珠蔥。

營養知識

被譽為造血維生素的維生素B12及維生素B6，大量存在於蓮藕當中。因此能製造出許多紅血球，所以可預防貧血及改善肝臟機能。此外蓮藕富含的食物纖維還能活化腸道蠕動，有助於解除便秘。

發揮柚子胡椒辛辣口感的
醬汁實在美味無比。
而且外觀時尚，
十分推薦作為宴客料理！

無須開火，操作簡單。
讓酸甜醬汁緊緊沾裹在
秋刀魚上！

梅干

梅干內含檸檬酸，可中和導致血液黏稠的酸性物質，使血液變清澈！

梅干滷秋刀魚

材料（2人份）

秋刀魚…1尾

A
- 酒…1大匙
- 黑糖…1/2小匙
- 梅干…2個的分量（鹽分7%，去籽後剁碎的產品，約30g）
- 薑粉（P47）…1/4小匙（使用生薑時需要4g）
- 橄欖油…1又1/2小匙

七味唐辛子…適量

西洋菜葉…適量

作法

1 將秋刀魚的頭部切除，再切成方便食用的大塊魚肉（在意的人可將內臟與腹背之間的暗紅色部分剔除）。

2 [A]倒入耐熱碗中攪拌均勻，再倒入[1]充分拌勻。

3 包上保鮮膜，以500w的微波爐加熱3分30秒左右，微波直到秋刀魚熟透為止。

4 盛盤，再撒上七味唐辛子，並以西洋菜葉作裝飾。

營養知識

攝取過多肉類等酸性食物的話，健康就會出問題，切記要補充梅干等鹼性食物調整體質。食用梅干可維持血液呈弱鹼性，使血液變得清澈乾淨。維持健康的身體，使肝臟等器官正常運作，不但能有益美容，更能連帶防止老化。

梅干

梅子內含丙酮酸等有機酸，能抑制壞菌作亂，活化腸道機能！

煎蔬菜佐梅肉醬

材料（2人份）

梅干…2個（約18g）
橄欖油…適量
A 橄欖油…2大匙
A 壽司醋…2小匙
紅蘿蔔…40g
地瓜…50g
蘆筍…2根
蕪菁…1個

作法

1 橄欖油倒入平底鍋中，再加入梅干以中火將所有梅干煎至焦色。接著去籽後剁碎。

2 [1]、[A]倒入調理盆中充分攪拌均勻。

3 紅蘿蔔、地瓜切成圓片狀，蘆筍切成5cm長，蕪菁切成8等分的半月形。

4 橄欖油倒入平底鍋中，倒入[3]後再蓋上鍋蓋，半蒸煎至蔬菜變軟為止。

5 盛盤，並搭配上[2]的沾醬。

營養知識

血液中的老廢物質會變成尿液排出體外，但是當維持體液酸鹼平衡的腎臟無法正常運作時，毒素便會滯留於體內，出現水腫、口渴、倦怠、手腳冰冷等症狀。梅子據說可「斷三毒」，這三毒就是食物、水分、血液中內含的毒素，因此梅子可使解毒作用及代謝機能維持正常，所以能改善上述症狀。

用愛吃的蔬菜沾醬享用。
最適合作為派對餐點！

調味部分就靠燒肉醬！
這道金平牛蒡
永遠不怕做失敗。

營養知識

牛蒡內含多酚之一的皂素，以及水溶性食物纖維的菊糖，被視為能補腎強精。中醫認為腎臟乃蓄存先天精氣之處，為人之根本的生命力泉源。因此腎臟不好，就連生命力及生育能力也會日漸變差。所謂補腎，意指能滋養腎臟，有助於強化生命力。

牛蒡

牛蒡內含的皂素能使體溫上升，有效改善手腳冰冷現象！

黑芝麻金平牛蒡

材料（2人份）

牛蒡…50g
紅蘿蔔…50g
蒜頭…1瓣
薤…5個（40g）
燒肉醬…2又1/2大匙
黑芝麻粉…2大匙
中國花椒（粉）…1/2小匙
橄欖油…2大匙

作法

1 蒜頭、薤切成末，牛蒡、紅蘿蔔切成絲。

2 橄欖油、蒜末倒入平底鍋中以小火加熱爆香。待香氣出現後加入牛蒡、紅蘿蔔以中火拌炒。等炒軟後加入燒肉醬拌勻，再加入薤輕輕拌炒。

3 加入中國花椒粉、黑芝麻粉攪拌均勻後盛盤。

鎂、鋅及銅的內含量，在蔬菜類當中拔得頭籌！

牛蒡濃湯

材料（2人份）

牛蒡…60g、10g
洋蔥…1/2個
橄欖油…1大匙、2大匙、適量
水…150ml
雞高湯塊…1個
豆漿…250ml
鹽…適量
胡椒粉…適量

作法

1. 洋蔥切片，牛蒡（60g）斜切成薄片，牛蒡（10g）切絲。
2. 橄欖油（1大匙）、洋蔥、斜切成薄片的牛蒡，倒入鍋中仔細拌炒。炒軟後加入水、雞高湯塊，再蓋上鍋蓋以小火燉煮約15～20分鐘。等煮軟後用果汁機打成泥狀，再倒回鍋中。
3. 加入豆漿充分攪拌均勻，開小火稍微煮滾後，以鹽、胡椒粉調味。
4. 橄欖油（2大匙）、切成絲的牛蒡倒入平底鍋中，拌炒至酥脆為止，取出後輕輕地撒上鹽。
5. 將湯盛入碗中，並以[4]作裝飾，最後淋上橄欖油（適量）。

用豆漿入菜，
口感更溫潤，
讓人飽嚐雞湯作底的
綿密濃湯！

營養知識

牛蒡含有豐富的食物纖維，可刺激腸道活化蠕動，促進排便。此外皂素這種成分，具有極佳的抗氧化效果。皂素也內含於藥效卓越的中藥當中，具有解除手腳冰冷的作用，因此藉由牛蒡中的皂素溫熱身體，也有助於解除便秘。

除寒 溫食補

活用 36 種溫食材，
解救寒冷體質、低體溫、貧血，
遠離癌症

國家圖書館出版品預行編目 (CIP) 資料

除寒．溫食補：活用 36 種溫食材，解救寒冷體質、低體溫、貧血，遠離癌症 / 青木敦子著；蔡麗蓉譯．-- 初版．-- 新北市：幸福文化出版：遠足文化發行，2019.02
面；　公分．--
（健康區 Healthy Living；6）
ISBN 978-957-8683-24-2（平裝）

1. 食譜

427.1　　107021361

OLIVE OIL "HIETORI" RECIPE
© ATSUKO AOKI, SO-PLANNING, FUTABASHA 2015
All rights reserved
.First published in Japan in 2015 by Futabasha Publishers Ltd., Tokyo.
Traditional Chinese translation rights arranged with Futabasha Publishers Ltd. through AMANN CO., LTD.

有著作權 侵犯必究

PRINTED IN TAIWAN

※本書如有缺頁、破損、裝訂錯誤，請寄回更換

作　　者　青木敦子
譯　　者　蔡麗蓉
責任編輯　梁淑玲
封面設計　白日設計
內頁設計　葛雲

出版總監　黃文慧
副 總 編　梁淑玲、林麗文
主　　編　蕭歆儀、黃佳燕、賴秉薇
行銷企劃　陳詩婷
印　　務　黃禮賢、李孟儒

社　　長　郭重興
發行人兼出版總監　曾大福
出　　版　幸福文化
地　　址　231 新北市新店區民權路 108-1 號 8 樓
粉 絲 團　www.facebook.com/Happyhappybooks
電　　話　（02）2218-1417
傳　　真　（02）2218-8057

發　　行　遠足文化事業股份有限公司
地　　址　231 新北市新店區民權路 108-2 號 9 樓
電　　話　（02）2218-1417
傳　　真　（02）2218-1142
電　　郵　service@bookrep.com.tw
郵撥帳號　19504465
客服電話　0800-221-029
網　　址　www.bookrep.com.tw

法律顧問　華洋國際專利商標事務所 蘇文生律師
初版一刷　2019 年 2 月
定　　價　380 元